U0256662

Dynamical Behavior of Superfluid and Bose-Einstein Condensate Crossover

超流体和玻色-爱因斯坦凝聚间跨越的动力学行为

陈淑红　熊春燕　刘　帅　著

中国科学技术大学出版社

内 容 简 介

本书主要介绍超流体和玻色-爱因斯坦凝聚间跨越现象的数学模型及其相关的动力学行为.通过对特殊形式的BCS-BEC跨越模型、一般形式的BCS-BEC跨越模型和修正的BCS-BEC跨越模型的吸引子的研究,系统、完整地介绍了有关超流体和玻色-爱因斯坦凝聚间跨越状态的数学模型及其吸引子的研究方法,同时梳理了作者近期的相关研究成果.

本书可供高等院校数学专业高年级本科生、研究生、教师以及相关领域的科研人员阅读参考.

图书在版编目(CIP)数据

超流体和玻色-爱因斯坦凝聚间跨越的动力学行为/陈淑红,熊春燕,刘帅著.—合肥:中国科学技术大学出版社,2020.9

ISBN 978-7-312-04887-6

Ⅰ.超…　Ⅱ.①陈…②熊…③刘…　Ⅲ.数学物理方程—研究　Ⅳ.O175.24

中国版本图书馆CIP数据核字(2020)第037805号

超流体和玻色-爱因斯坦凝聚间跨越的动力学行为

CHAOLIUTI HE BOSE-AIYINSITAN NINGJU JIAN KUAYUE DE DONGLIXUE XINGWEI

出版　中国科学技术大学出版社
安徽省合肥市金寨路96号,230026
http://press.ustc.edu.cn
https://zgkxjsdxcbs.tmall.com

印刷　安徽国文彩印有限公司

发行　中国科学技术大学出版社

经销　全国新华书店

开本　710 mm×1000 mm　1/16

印张　9

字数　156千

版次　2020年9月第1版

印次　2020年9月第1次印刷

定价　40.00元

前　言

早在 1904 年,印度物理学家玻色发现了一类具有特殊性质的量子,他将这一发现整理成论文并寄给爱因斯坦征求意见.爱因斯坦意识到这个结果的重要性之后马上将其进行发表,并对该结果进行了推广.后来人们将这类现象称为玻色-爱因斯坦凝聚现象.

爱因斯坦预测玻色-爱因斯坦凝聚现象具有非常美好且广泛的应用前景.这个预测以及玻色-爱因斯坦凝聚现象的独特性质吸引了广大专家学者的兴趣和关注.虽然许多的科学家对该现象投入了巨大的精力和努力,但是仍然没有办法在实验室中实现.即使到了 1957 年,在 Bardeen,Cooper 和 Schrieffer 等人建立了完善的超导理论之后,科学家们发现在玻色-爱因斯坦凝聚现象和超流体之间存在着千丝万缕的联系的情况下,还是没办法实现玻色-爱因斯坦凝聚这一现象.

直到 1995 年,美国国家标准局和科罗拉多大学联合实验室(JILA)、莱斯大学(RICE)、麻省理工学院(MIT)才分别在各自的实验室中实现了玻色-爱因斯坦凝聚现象.由于这一现象的重要性,JILA 的 Cornell,Wieman 和 MIT 的 Ketterle 获得了 2001 年的诺贝尔物理学奖.随后,在 2007 年,日本的两位科学家 Machida 和 Koyama 对玻色-爱因斯坦凝聚现象和超流体之间的关系利用费米子-玻色子双轨道模型进行建模,发现这两类现象之间的关系可以通过金兹堡-朗道模型来表示.这正是本书所要考虑的主要模型.

有关超流体和玻色-爱因斯坦凝聚现象间的问题尚处于初步探索和研究阶段.其中玻色-爱因斯坦凝聚现象的结果大多是通过实验得到的,至于描述超流体和玻色-爱因斯坦凝聚现象间关系的金兹堡-朗道模型的结果更是寥寥无几,并且已有的这些结果几乎都集中在解的存在性等问题上,而关于它们之间关系的模型的动力学结果则鲜少发现.研究动力学行为的关键内容之一是吸引子问题.本书主要通过分析不同情形下的吸引子来研究有关超流体和玻色-爱因斯坦凝聚现象间跨越的动力学行为.

为此,本书首先通过介绍超流体和玻色-爱因斯坦凝聚现象间跨越的物理背景来引出本书所要考虑的主要模型;接着分别对给定特殊条件、赋予模型外力作用以及对模型进行修正等不同情形下的有关超流体和玻色-爱因斯坦凝聚现象间跨越的金兹堡-朗道模型的吸引子进行分析和探讨.

本书的研究和出版得到了国家自然科学基金(NO:11571159)的资助,在此表示衷心的感谢!

限于作者的水平,书中难免存在不妥之处,恳请广大读者批评指正!

作　者

2019 年 12 月

目　　录

第1章　超流体和玻色-爱因斯坦凝聚现象跨越的物理背景

超流体和玻色-爱因斯坦凝聚现象是近现代物理和数学研究的热点问题，尤其是在1995年有关玻色-爱因斯坦凝聚现象在实验室中被实现之后，更是广受各个领域专家学者们的关注.本章着重从玻色-爱因斯坦凝聚现象的发现、超流体和玻色-爱因斯坦凝聚现象之间的跨越行为以及有关该模型的动力学行为等方面介绍超流体和玻色-爱因斯坦凝聚之间的有关问题.

1.1　玻色-爱因斯坦凝聚问题

早在1924年，印度物理学家玻色就发现，如果将光子看成全同粒子气体，就可以推导出黑体辐射的普朗克规律.玻色将这一发现整理成论文[1]并寄给爱因斯坦征求意见.爱因斯坦意识到这一发现的重要性，马上将这篇论文进行翻译，并提交出版.第二年，爱因斯坦将玻色的理论推广到粒子数守恒的全同原子或分子组成的理想气体中，并预见在足够低的温度下，这样的粒子将被集体束缚在体系的最低量子态上[2].这个现象被称为玻色-爱因斯坦凝聚现象.

这个现象的具体内容为：1925年玻色和爱因斯坦发现有一类特殊的粒子，这类粒子在正常温度下可以处于任何一个能级，并且它们在各个能级上的分布服从玻色-爱因斯坦统计.如果降低物质的温度到接近绝对零度（－273.16℃），那么大部分粒子会突然跌落到最低的能级上，就好像一座大厦突然坍塌一样，而跌落到最低能级上的大量粒子就像是一个超级大的粒子.物理界将物质的这一特殊状态称为玻色-爱因斯坦凝聚态（BEC），它表示原来处于不同状态的粒子可以突然“凝聚”

到同一状态.这类特殊的粒子称为玻色子.而所谓的能级指的是原子的能量像台阶一样从低到高进行排列,每一列能量的大小我们称为一个能级.

需要注意的是并不是所有的玻色子都具有玻色-爱因斯坦凝聚这一性质,只有那些总自旋为普朗克常量整数倍的玻色子才能形成玻色-爱因斯坦凝聚现象.而且这些玻色子的凝聚并非像水凝结成冰那样真的成了固态凝聚体,而是所有粒子同时处于一个能量最低的量子态上(最低能级上),这是一种量子效应.因此,玻色-爱因斯坦凝聚这一现象被称为物质除固体、液体、气体和等离子体之外的第五种形态.

此外,爱因斯坦还预言:这类玻色子凝聚体以及形成它的凝聚过程有许多不同寻常的性质.为了实现玻色-爱因斯坦凝聚这一物质形态以便观察它不同寻常的性质,学者们进行了长期的不懈努力,终于在 70 年之后的 1995 年,美国国家标准局和科罗拉多大学联合实验室(JILA)、莱斯大学(RICE)、麻省理工学院(MIT)用激光冷却、磁势阱束缚和蒸发冷却等技术分别在各自的实验室实现了碱金属气体原子(^{87}Rb、^{7}Li 和^{23}Na)的玻色-爱因斯坦凝聚[3-5].这一现象的实现在理论研究和实用价值方面都具有里程碑的意义,为体现这一实验结果非同一般的意义以及表彰相关研究者在冷原子凝聚方面的卓越成就,瑞士皇家科学院宣布将 2001 年的诺贝尔物理学奖授予 JILA 的 Cornell,Wieman 和 MIT 的 Ketterle.

1.2 超流体和玻色-爱因斯坦凝聚间的跨越现象

有关宏观超导体电磁的理论早在 1935 年就由 Fritz London 和 Heinz London 兄弟俩在研究麦克斯韦电磁理论时发现,他们对此建立了相应的基本方程[6].1938 年,Fritz London[7]发现了量子统计对超流氦 4 具有一定的影响,从而将玻色-爱因斯坦凝聚(Bose-Einstein condensation)和超流体这两个概念联系起来.1946 年,Nikolay Nikolaevich Bogoliubov 通过结合玻色-爱因斯坦凝聚和粒子间的相互关系创立了玻色气体间弱相互作用[8].1950 年,苏联物理学家 Vitaly L. Ginzburg 提出了较为完善的超导理论[9].1956 年,Alexei Abrikosov 建立了第二类超导体理论[10];Bardeen的博士后Leno Cooper发现电子间存在相互吸引的情况(Cooper对)[11].1957年,Bardeen,Cooper和Schrieffer总结出一套更为完善的超导(BCS)理论[12-13],能够在一个更为稳定的基态(BCS态)上,解释超导的各种奇妙现象[14].所有的这些结果,都显示了超流体和玻色-爱因斯坦凝聚间存在着密不可分的关系.

然而,虽然在理论上提出了玻色-爱因斯坦凝聚和超流体之间存在密切的关系,但是很长时间内在实验中却并未发现过.直到1995年,人们才终于通过实验真真切切地观察到了玻色-爱因斯坦凝聚的现象,这一现象的发现使得人们对于实现玻色-爱因斯坦凝聚和超流体之间的相互作用充满了信心.

于是,不管是实验物理学家还是理论物理学家,都将注意力转向了对具有超流体性质的费米子气体的研究.但是,费米子和玻色子的碰撞过程不同,在费米子气体中,s波散射受泡利不相容原理的制约,对蒸发冷却的降温机制有着巨大的影响,导致很难获得低温下的费米子气体.为此,物理学家们群策群力,最后终于通过应用相同费米子气体的不同自旋组分或给费米子气体加上一个玻色气体组分作为冷却剂解决了这一问题.

先是JILA的研究小组在囚禁的费米子气体中成功观察到量子简并现象[15].根据Bardeen-Cooper-Schrieffer(BCS)理论,在足够低的温度下,简并的费米子气体会出现超流性.这一结论在同位素费米子^{6}Li和玻色子^{7}Li的混合气体中被证实了.此外,在^{40}K和^{87}Rb的混合气体及^{6}Li和^{23}Na的混合气体中也观察到了费米子的超流性.

后来,科学家们抽丝剥茧,终于发现,观察费米子超流性的关键方法是Feshbach共振.Feshbach共振的特点是二体相互作用,这使得人们只要简单地调节外磁场就可以改变散射长度的大小甚至符号.另外,在共振区域内气体的性质也非常奇特,既稀薄(直观上,粒子间的距离比相互作用势的范围大得多)又有强相互作用(直观上,粒子间的距离比散射长度小得多).而且,费米子体系反映的是原子气体的整体行为,与原子间相互作用势的具体形式无关.于是,借助于Feshbach共振,可以把散射长度调节成一个正的小值,使得自旋原子束缚在一起形成二聚体,这样,费米子原子气体就可以转变为玻色子分子气体.通过把共振散射长度从负值调到正值(或相反,从正值调到负值),就可以使费米子超流体和玻色-爱因斯坦凝聚体以及两者之间的跨越区域之间可以连续变化.

基于这些发现，为了更好地观察超流体和玻色-爱因斯坦凝聚间跨越的情形，学者们又致力于建立两者之间跨越过程变化情况的数学模型. 自 1995 年 Cornell 和 Wieman 小组观测到玻色-爱因斯坦凝聚现象[16]之后，很快就有一位俄罗斯物理学家 Lev Petrovich Gor'kov 利用 BCS 理论建立了在某种近似条件下，有关金属与合金之间超导性的金兹堡-朗道方程[17]. 超冷原子费米子气体具备的高温超流动性是研究费米子气体高温超导性的有力依据[18-21]. 此外，这些超流体系统还表现出从弱耦合的 BCS 状态到强耦合的 BEC 状态之间相互转化的过程. 这意味着通过观察费米子原子气体，不但可以发现原子间的强相互吸引作用，而且可以观测到 BCS - BEC 的跨越情形[22-24]. 有关这一跨越现象的模型构造也日趋成熟，最终在 2006 年，Machida 和 Koyama[25]建立了在 Feshbach 共振附近，费米子和玻色子之间相互转化过程的数学模型，即描述 BCS - BEC 的跨越过程依赖于时间的金兹堡-朗道理论：

$$-\mathrm{i}du_t = \left(-\frac{dg^2+1}{U}+a\right)u + g[a+d(2\nu-2\mu)]\varphi + \frac{c}{4m}\Delta u$$

$$+\frac{g}{4m}(c-d)\Delta\varphi - b|u+g\varphi|^2(u+g\varphi), \tag{1.2.1}$$

$$\mathrm{i}\varphi_t = -\frac{g}{U}u + (2\nu-2\mu)\varphi - \frac{1}{4m}\Delta\varphi. \tag{1.2.2}$$

当 $g=0$ 时，方程(1.2.1)和(1.2.2)转化成传统的依赖于时间的金兹堡-朗道方程(TDGL 方程)和线性 Gross-Pitaevskii 方程(GP 方程)的耦合：

$$-\mathrm{i}d\frac{\partial u}{\partial t} = -\left(\frac{1}{U}-a\right)u + \frac{c}{4m}\Delta u - b|u|^2u, \tag{1.2.3}$$

$$\mathrm{i}\frac{\partial\varphi}{\partial t} = (2\nu-2\mu)\varphi - \frac{1}{4m}\Delta\varphi. \tag{1.2.4}$$

这个数学模型不同于一般的单轨道金兹堡-朗道模型，它是一个双轨道模型. 双轨道金兹堡-朗道模型的研究在数学上是一个全新的领域，有着十分重要的理论研究价值. 而且，这个新模型的建立与分析也为动力学研究带来了新的机遇和挑战.

超流体和玻色-爱因斯坦凝聚间跨越的实现不仅有着十分重要的理论研究价值，而且具有非常广泛的实际应用价值. 尤其是在 2004 年 1 月，由 JILA 实验室的 D. S. Jin 领导的实验小组实现了费米子原子对(^{40}K)的凝聚[26]，这是凝聚态物理领域的又一重大突破——启发和推动着对超导机理的深入理解和下一代超导体的诞生，在超导技术上的应用前景十分广阔.

玻色-爱因斯坦凝聚体实现的科学意义和潜在的应用价值主要体现在以下几个方面.首先，它产生了一种新物态，这种新物态为实验物理学家提供了一种独一无二的新介质.其次，玻色-爱因斯坦凝聚体的性质也蕴含着许多未知的领域.例如利用物质波的相干性可开拓如原子激光器等新领域的研究；类比于非线性光学，可开展非线性原子光学的研究；利用 BEC 相干性，可观察凝聚体的涡旋和孤子；利用 Feshbach 共振改变原子间相互作用，从而可观测到类似超新星和黑洞的 BEC 爆炸.最后，玻色-爱因斯坦凝聚体的奇异特性还具有十分美好的应用前景.利用凝聚体的稳定性可研制高准确度和稳定度的原子钟和精密原子干涉仪，从而改善精密测量的准确度，如超冷原子的碰撞截面和物理常数的测量；在量子信息科学中可应用于光速减慢与光信息存储、量子信息传递和量子逻辑操作等；利用 BEC 相干性可以进行微结构的刻蚀和微光电子回路的制作等.

1.3　动力学行为

除了前面介绍的内容之外，现在还有很多相关物理实验的着力点放在研究费米子或玻色子-费米子跨越间相互作用的动力学行为上，如为探究体系超流性而进行的延长跨越区域密度分布的研究；又如研究被不相等原子数占据的两个不同自旋态的自旋极化及其在密度分布和新超流相的出现方面的问题，来探讨对超流性研究是否有所启发.这里的动力学是一个物理概念，描述的是物体的运动（物体的运动系统既有非常简单的情形，如地球和月球的运动，也有非常复杂的情况，如太阳、行星和太阳系中其他天体的运动）.相应的数学上的概念则是动力系统.

动力系统是一类体系的别称，是一种囊括自然界中一切随时间演变现象的体系.这一体系的提出来自 H. Poincare 等在研究天体力学时观察发现的现象和规律.但是直到 20 世纪初，才由美国数学家 Birkhoff 对这类现象给出具体的定义——“动力系统”，并记录在他的著作 *Dynamical System*[27] 中.动力系统根据不同的标准具有不同的分类形式.根据系统是否依赖于时间，动力系统可分为自治动力系统和非自治动力系统;根据相空间的维数,动力系统可分为有限维动力系统和无穷维动力系统.常见的无穷维动力系统有偏微分方程、泛函微分方程及格点系统等.对于动力系统的研究是当代数学研究的热点问题之一.

研究动力系统的一个关键工具是吸引子.所谓的吸引子是指一个具有不变性,能够吸引任何有界集,可以刻画无穷维动力系统的长时间行为的非空紧集[28].吸引子的概念虽然早在 1964 年就由 J. Nagumo, S. Arimoto 和 S. Yosimzawa 提出[29],但吸引子的定义始终未能得到统一.有从空间归属角度提出吸引子的定义,将其分成两种:一种是吸引距离空间中每一点的全局吸引子,另一种为吸引距离空间中每一个有界集的全局 B-吸引子[30-31].有从集合的紧性提出吸引子的定义,如文献[30]、[31]中定义的紧不变的全局 B-吸引子和 Temam,Hale[32-33]提出的全局吸引子的概念.此外,还有许多从其他各种不同角度提出的有关吸引子的定义,虽然它们之间的描述各不相同,但在本质上是一样的.即使吸引子的概念至今没有统一的定义,但有关吸引子的研究却在无穷维动力系统中扮演着越来越重要的角色.对于吸引子的研究主要集中在两个方面:一是存在性,二是几何拓扑性质.本书仅考虑第一方面的内容,着重于分析超流体和玻色-爱因斯坦凝聚体间跨越过程的数学模型——双轨道金兹堡-朗道模型的吸引子的存在性.

常见的金兹堡-朗道模型是来自超导体等方面的单轨道金兹堡-朗道模型,它的研究历史悠久,成果丰硕[34-36].对于双轨道金兹堡-朗道模型的研究则相形见绌,即使是整体解存在性的结果也都很少[37-42],该模型整体吸引子存在性的结果更是微乎其微[43-44],并且这些结果都是在增加耗散项后所得到的修正的方程组整体吸引子的存在性,而对于原始的模型,尚未查到任何相关信息.

关于玻色子和费米子凝聚体,实验上观测到了许多有趣的现象,相关理论上的研究也很丰富,但某些现象的理论解释还有很多不清楚的地方,特别是 BEC 隧穿动力学向多体问题的延伸和 BCS - BEC 跨越的动力学性质.本书的目的正是研究体系的动力学性质.

具体来说,本书在各种不同情形下,主要对来自超流体和玻色-爱因斯坦凝聚间跨越模型及其修正系统的整体吸引子进行分析和探讨.

第2章　依赖于时间的金兹堡-朗道方程和GP方程

超流体和玻色-爱因斯坦凝聚间的跨越现象可用数学模型(1.2.1)和(1.2.2)来表示.当耦合系数 $g=0$ 时,双轨道玻色子-费米子模型的数学表达式(1.2.1)和(1.2.2)则可转化成经典的依赖于时间的金兹堡-朗道方程和线性 Gross-Pitaevskii 方程的耦合,即方程(1.2.3)和(1.2.4).这个耦合方程组正是本章所要考虑的主要问题.

2.1　金兹堡-朗道方程和GP方程的吸引子

2.1.1　方程组及主要结果

这部分主要考虑当耦合系数 $g=0$ 时,Feshbach 共振附近费米子-玻色子模型的动力学行为.这个模型是由经典的依赖于时间的金兹堡-朗道方程和线性 GP 方程耦合而成的:

$$-\mathrm{i}d\frac{\partial u}{\partial t}=-\left(\frac{1}{U}-a\right)u+\frac{c}{4m}\Delta u-b|u|^2u, \tag{2.1.1}$$

$$\mathrm{i}\frac{\partial \varphi}{\partial t}=(2\nu-2\mu)\varphi-\frac{1}{4m}\Delta\varphi. \tag{2.1.2}$$

为了探讨上述耦合方程组弱解的吸引子问题,需要给定方程组的初边值条件:

$$u(x,0)=u_0(x),\quad \varphi(x,0)=\varphi_0(x)\quad (x\in\Omega) \tag{2.1.3}$$

$$u(x,t)=0,\quad \varphi(x,t)=0\quad (x\in\partial\Omega,t\in[0,+\infty)) \tag{2.1.4}$$

其中 Ω 是 $\mathbf{R}^n$ 中的有界区域，$u_0(x)\in H^{1,2}(\Omega)$，$\varphi_0(x)\in H^{1,2}(\Omega)(t\geqslant 0)$. $u(x,t)$和 $\varphi(x,t)$是两个复值函数，分别表示费米子对场和玻色子场. $2v$ 是 Feshbach 共振的初始能量. μ 为化学势能. 耦合系数 $U>0$. a,b,c,m 均为实数. 耦合系数 d 是控制超流体和玻色-爱因斯坦凝聚间跨越的主要系数，一般情况下为复数；若令 $d=d_{\mathrm{r}}+\mathrm{i}d_{\mathrm{i}}$，则 $|d|^2=d_{\mathrm{r}}^2+d_{\mathrm{i}}^2$，$d$ 是构成该动力系统的一个重要特征，它在很大程度上控制了超流体原子费米子气体的动力学行为. 在 BCS－BEC 的跨越区域，d 的实部和虚部都存在，而在 BCS 状态下，d 为纯虚数；反之，在 BEC 状态下，d 的虚部通常消失，只剩下 d 的实部来控制动力学，从而使得方程守恒.

研究动力系统的动力学行为最主要的一个工具就是吸引子，这里主要介绍的就是和弱解吸引子有关的性质，最终得到如下结果：

定理 2.1.1 设 $u(x,t)$和 $\varphi(x,t)$为耦合方程组的初边值问题(2.1.1)～(2.1.4)的弱解，耦合系数 $a>0,c>0,m>0,d=d_{\mathrm{r}}+\mathrm{i}d_{\mathrm{i}},b\geqslant 0,d_{\mathrm{i}}>0,\frac{1}{U}-a\geqslant 0,|d_{\mathrm{r}}|\leqslant\sqrt{3}d_{\mathrm{i}}$，则初边值问题(2.1.1)～(2.1.4)几乎处处存在整体吸引子 A，使得：

(ⅰ) $S_tA=A\quad(t\in\mathbf{R}^+)$；

(ⅱ) $\lim\limits_{t\to\infty}(S_tB,A)=0$，对任何有界集 $B\subset H^{1,2}(\Omega)$，有

$$\mathrm{dist}(S_tB,A)=\sup_{x\in B}\inf_{y\in A}\|S_tx-y\|_E$$

这里 S_t 是由初边值问题(2.1.1)～(2.1.4)的弱解所生成的半群算子，且吸引子为 $A=\bigcap\limits_{\tau\geqslant 0}\overline{\bigcup\limits_{t\geqslant\tau}S_tA}$.

2.1.2 基本引理

本部分主要介绍证明定理 2.1.1 时需要用到的一些基本引理以及相应的先验估计. 首先，引入有关吸引子的定义及其存在性定理.

用 $\|\cdot\|_{L^q(\Omega)}$ 表示 Lebesgue 空间 $L^q(\Omega)$中的模，$(u,v)=\int_\Omega uv\mathrm{d}x$ 表示 $L^2(\Omega)$ 中的内积，则有 $\|u\|_{L^2(\Omega)}=\left(\int_\Omega u^2\mathrm{d}x\right)^{1/2}$，可将 $\|u\|_{L^2(\Omega)}$ 简记为 $\|u\|$.

定义 2.1.1[45] 设 X,Y 为线性空间，则线性算子 T 连续的充要条件为线性算子 T 有界.

定义 2.1.2[45]　若集合 $X \subset H$ 满足 $S(t)X = X(\forall t \geqslant 0)$，则称半群 $S(t)$ 为不变群.

定义 2.1.3[45]　若 $S(t)u_0 = u_0(\forall t \geqslant 0)$，则称 $u_0 \in H$ 为半群 $S(t)$ 的不动点（或称为平衡点、稳定点）.

有了这些定义，就可以开始介绍吸引子相关的性质和理论.

定义 2.1.4[46]　设 E 为 Banach 空间，$\{S_t(t \geqslant 0)\}$ 为半群算子，$S_t: E \to E$，$S_t \cdot S_\tau = S_{t+\tau}(t, \tau \geqslant 0)$，$S_0 = I$，其中 I 为恒等算子，紧集 A 称为半群 S_t 的整体吸引子，如果紧集 $A \subset E$ 满足：

（ⅰ）不变性，即在半群 S_t 作用下为不变集

$$S_t A = A \quad (\forall t \geqslant 0);$$

（ⅱ）吸引性，A 吸引 E 中一切有界集，即对任何有界集 $B \subset E$，有

$$\lim_{t \to +\infty} \operatorname{dist}(S_t B, A) = \sup_{x \in B} \inf_{y \in A} \| S_t x - y \|_E \to 0 \quad (t \to \infty).$$

特别地，当 $t \to \infty$ 时，从 u_0 出发的一切轨线 $S_t u_0$ 收敛于 A，即有

$$\operatorname{dist}(S_t u_0, A) \to 0 \quad (t \to \infty).$$

定义 2.1.5[46]　设有界集 $B_0 \in E$，如果存在 $t_0(B_0) > 0$，使得对任何有界集 $B \subset E$，有

$$S(t)B \subset B_0 \quad (\forall t \geqslant t_0),$$

则称 B_0 为 E 中的有界吸收集.

引理 2.1.1[46]　设 E 为 Banach 空间，$u(x,t)$ 为未知函数，且 $S_t: u(x,t) = u(t)$，$\{S_t(t \geqslant 0)\}$ 为半群算子，$S_t: E \to E$，$S_t \cdot S_\tau = S_{t+\tau}(t, \tau \geqslant 0)$，$S_0 = I$，其中 I 为恒等算子.若半群算子 S_t 满足下列条件：

(1) 半群算子 S_t 在 E 中一致有界，即对一切 $R \geqslant 0$，存在常数 $C(R)$，使得当 $\| u \|_E \leqslant R$ 时，$\| S_t u \|_E \leqslant C(R)(\forall t \in [0, \infty))$；

(2) 在 E 中存在有界吸收集合 B_0，即对任意有界吸收集合 $B \subset E$，存在 T，使得当 $t \geqslant T$ 时，有 $S_t B \subset B_0$；

(3) 当 $t > 0$ 时，S_t 为全连续算子，

则半群 S_t 具有紧的整体吸引子.

引理 2.1.2（Gronwall 引理[47]）　设 g, h, y 为定义在 (t_0, ∞) 上的三个正的局部可积函数，同时 $\frac{\mathrm{d}y}{\mathrm{d}t}$ 也是局部可积的，且存在正常数 $a_i(i=1,2,3)$，使得对所有的

$t \geqslant t_0$ 满足如下条件：

$$\frac{\mathrm{d}y}{\mathrm{d}t} \leqslant gy + h \quad (t \geqslant t_0),$$

则对所有的 $t \geqslant t_0$，有

$$y(t) \leqslant y(t_0)\exp\left\{\int_{t_0}^{t} g(t)\mathrm{d}t\right\} + \int_{t_0}^{t} h(s)\exp\left\{\int_{s}^{t} g(\tau)\mathrm{d}\tau\right\}\mathrm{d}s.$$

引理 2.1.3[48] 设 $1 < p < \infty$，对任意函数 $u \in C^2(\overline{\Omega})$，若等式

$$\int_{\partial\Omega} |u|^{p-2}\bar{u}\frac{\partial u}{\partial \boldsymbol{n}}\mathrm{d}S = 0$$

成立，则有

$$|\mathrm{Im}\langle \Delta u, |u|^{p-2}u\rangle| \leqslant \frac{p-2}{2\sqrt{p-1}}\mathrm{Re}\langle -\Delta u, |u|^{p-2}u\rangle.$$

其中 $\boldsymbol{n}$ 为边界 $\partial\Omega$ 的外法向量，$\langle u, v\rangle = \int u\bar{v}\mathrm{d}x$.

2.1.3 先验估计

这部分主要是根据已有的定义和引理，建立适当的先验估计，从而证明定理 2.1.1 的结果.

定理 2.1.2 设 $b \geqslant 0, d_{\mathrm{i}} > 0, \frac{c}{m} \geqslant 0, \frac{1}{U} - a \geqslant 0, u(x,t)$ 和 $\varphi(x,t)$ 为初边值问题(2.1.1)～(2.1.4)的弱解，则存在函数 $r_1(t), r_2(t)$ 满足下列不等式：

$$\|u(x,t)\|_2^2 \leqslant r_1^2(t), \quad \int_0^t \|\nabla u(x,t)\|_2^2\mathrm{d}t \leqslant r_2^2(t), \quad \|\varphi(x,t)\|_2^2 \leqslant \|\varphi_0\|_2^2.$$

其中

$$r_1^2(t) = \|u_0\|_2^2\exp\left\{\frac{-2\left(\frac{1}{U} - a\right)d_{\mathrm{i}}t}{d_{\mathrm{r}}^2 + d_{\mathrm{i}}^2}\right\},$$

$$r_2^2(t) = \frac{2r_1^2(t)}{\dfrac{cd_{\mathrm{i}}}{2m(d_{\mathrm{r}}^2 + d_{\mathrm{i}}^2)}} \quad (t \in [0, +\infty)).$$

证明 耦合方程组(2.1.1)、(2.1.2)可以改写为

$$\frac{\partial u}{\partial t} = \frac{-\mathrm{i}\left(\frac{1}{U} - a\right)}{d}u + \frac{c\mathrm{i}}{4md}\Delta u - \frac{b\mathrm{i}|u|^2u}{d}, \tag{2.1.5}$$

$$\frac{\partial \varphi}{\partial t}=-\mathrm{i}(2\nu-2\mu)\varphi+\frac{\mathrm{i}}{4m}\Delta\varphi. \tag{2.1.6}$$

在 $H^{1,2}$ 中,将方程(2.1.5)与 $\bar{u}$ 做内积,可以得到

$$\int\frac{\partial u}{\partial t}\cdot\bar{u}\mathrm{d}x=\frac{-\mathrm{i}\left(\frac{1}{U}-a\right)}{d}\int u\cdot\bar{u}\mathrm{d}x+\frac{c\mathrm{i}}{4md}\int\Delta u\cdot\bar{u}\mathrm{d}x-\frac{b\mathrm{i}}{d}\int|u|^2u\cdot\bar{u}\mathrm{d}x.$$

分部积分,并对所得的方程两边分别取实部,可得

$$\frac{\partial}{\partial t}\int|u|^2\mathrm{d}x=\frac{-2\left(\frac{1}{U}-a\right)d_i}{d_\mathrm{r}^2+d_\mathrm{i}^2}\int|u|^2\mathrm{d}x-\frac{cd_\mathrm{i}}{2m(d_\mathrm{r}^2+d_\mathrm{i}^2)}\int|\nabla u|^2\mathrm{d}x$$

$$-\frac{2bd_\mathrm{i}}{d_\mathrm{r}^2+d_\mathrm{i}^2}\int|u|^4\mathrm{d}x.$$

移项得

$$\frac{\partial}{\partial t}\int|u|^2\mathrm{d}x+\frac{cd_\mathrm{i}}{2m(d_\mathrm{r}^2+d_\mathrm{i}^2)}\int|\nabla u|^2\mathrm{d}x=\frac{-2\left(\frac{1}{U}-a\right)d_i}{d_\mathrm{r}^2+d_\mathrm{i}^2}\int|u|^2\mathrm{d}x$$

$$-\frac{2bd_\mathrm{i}}{d_\mathrm{r}^2+d_\mathrm{i}^2}\int|u|^4\mathrm{d}x.$$

注意到 $\frac{2bd_\mathrm{i}}{d_\mathrm{r}^2+d_\mathrm{i}^2}\geqslant 0$,则有

$$\frac{\partial}{\partial t}\int|u|^2\mathrm{d}x+\frac{cd_\mathrm{i}}{2m(d_\mathrm{r}^2+d_\mathrm{i}^2)}\int|\nabla u|^2\mathrm{d}x\leqslant\frac{-2\left(\frac{1}{U}-a\right)d_\mathrm{i}}{d_\mathrm{r}^2+d_\mathrm{i}^2}\int|u|^2\mathrm{d}x. \tag{2.1.7}$$

又有 $\frac{cd_\mathrm{i}}{2m(d_\mathrm{r}^2+d_\mathrm{i}^2)}\geqslant 0$,这意味着

$$\frac{\partial}{\partial t}\int|u|^2\mathrm{d}x\leqslant\frac{-2\left(\frac{1}{U}-a\right)d_\mathrm{i}}{d_\mathrm{r}^2+d_\mathrm{i}^2}\int|u|^2\mathrm{d}x.$$

由于 $\frac{1}{U}-a\geqslant 0$,故在区间$[0,T]$上应用 Gronwall 不等式(引理 2.1.2)可推出

$$\int|u(t)|^2\mathrm{d}x\leqslant\int|u(0)|^2\mathrm{d}x\exp\left\{\int_0^T\frac{-2\left(\frac{1}{U}-a\right)d_\mathrm{i}}{d_\mathrm{r}^2+d_\mathrm{i}^2}\mathrm{d}t\right\}$$

$$\leqslant\|u(0)\|_2^2\exp\left\{\frac{-2\left(\frac{1}{U}-a\right)d_\mathrm{i}t}{d_\mathrm{r}^2+d_\mathrm{i}^2}\right\}.$$

令

$$r_1^2(t)=\|u(0)\|_2^2\exp\left\{\frac{-2\left(\frac{1}{U}-a\right)d_i t}{d_r^2+d_i^2}\right\},$$

则有

$$\|u(t)\|_2^2\leqslant r_1^2(t). \tag{2.1.8}$$

接下来估计$\int_0^t\|\nabla u\|^2\mathrm{d}t$.

对不等式(2.1.7)的两边关于 t 在区间$[0,T]$上积分,可以得到

$$\begin{aligned}&\int|u(T)|^2\mathrm{d}x+\frac{cd_i}{2m(d_r^2+d_i^2)}\int_0^T\int|\nabla u|^2\mathrm{d}x\mathrm{d}t\\&\leqslant\frac{-2\left(\frac{1}{U}-a\right)d_i}{d_r^2+d_i^2}\int_0^T\int|u|^2\mathrm{d}x\mathrm{d}t+\int|u_0|^2\mathrm{d}x.\end{aligned}$$

注意到

$$\frac{-2\left(\frac{1}{U}-a\right)d_i}{d_r^2+d_i^2}\leqslant 0,$$

则

$$\int|u(T)|^2\mathrm{d}x+\frac{cd_i}{2m(d_r^2+d_i^2)}\int_0^T\int|\nabla u|^2\mathrm{d}x\mathrm{d}t\leqslant\int|u_0|^2\mathrm{d}x.$$

结合 $\frac{cd_i}{2m(d_r^2+d_i^2)}\geqslant 0$ 和式(2.1.8),可得

$$\begin{aligned}\int_0^T\int|\nabla u|^2\mathrm{d}x\mathrm{d}t&\leqslant\frac{\int|u_0|^2\mathrm{d}x-\int|u(T)|^2\mathrm{d}x}{\frac{cd_i}{2m(d_r^2+d_i^2)}}\\&\leqslant\frac{\int|u_0|^2\mathrm{d}x+\int|u(T)|^2\mathrm{d}x}{\frac{cd_i}{2m(d_r^2+d_i^2)}}\\&\leqslant\frac{2\max\left(\int|u(t)|^2\mathrm{d}x\right)}{\frac{cd_i}{2m(d_r^2+d_i^2)}}\\&\leqslant\frac{2r_1^2(t)}{\frac{cd_i}{2m(d_r^2+d_i^2)}}.\end{aligned}$$

令

$$r_2^2(t)=\frac{2r_1^2(t)}{\dfrac{cd_i}{2m(d_r^2+d_i^2)}},$$

则有

$$\int_0^t \|\nabla u\|^2\mathrm{d}t\leqslant r_2^2(t).$$

接下来，为了得到关于 φ 的先验估计，将方程(2.1.6)的两边同时乘以 $\bar{\varphi}$，并求积分，得

$$\frac{1}{2}\int\frac{\partial}{\partial t}|\varphi|^2\mathrm{d}x=-\mathrm{i}(2v-2\mu)\int|\varphi|^2\mathrm{d}x-\frac{\mathrm{i}}{4m}\int|\nabla\varphi|^2\mathrm{d}x.$$

两边取实部，可得

$$\frac{1}{2}\int\frac{\partial}{\partial t}|\varphi|^2\mathrm{d}x=0.$$

在$[0,T]$上积分，得$\|\varphi(x,t)\|^2=\|\varphi_0\|^2$.

定理 2.1.3　设 $u(x,t)$，$\varphi(x,t)$是初边值问题(2.1.1)～(2.1.4)的弱解，系数 b,c,m 均大于零且$d_i\geqslant 0$，$\frac{1}{U}-a\geqslant 0$，$|d_r|\leqslant\sqrt{3}d_i$，则存在函数 $r_3(t)$，$r_4(t)$，使得下列不等式成立：

$$\|\nabla u(x,t)\|_2^2\leqslant r_3^2(t),\quad \int_0^t\|\Delta u(x,t)\|_2^2\mathrm{d}t\leqslant r_4^2(t),$$

$$\|\nabla\varphi(x,t)\|_2^2\leqslant\|\nabla\varphi_0\|_2^2\quad(t\in[0,+\infty)).$$

其中

$$r_3^2(t)=\int|\nabla u_0|^2\mathrm{d}x\exp\left\{\frac{-2\left(\dfrac{1}{U}-a\right)d_i t}{d_r^2+d_i^2}\right\},$$

$$r_4^2(t)=\frac{-2\left(\dfrac{1}{U}-a\right)d_i}{(d_r^2+d_i^2)k}r_2^2(t)+\frac{2r_3^2(t)}{k},$$

$$k=\frac{cd_i}{2m(d_r^2+d_i^2)}.$$

证明　在 $H^{1,2}$中，将方程(2.1.5)和$-\Delta\bar{u}$ 做内积，可得

$$\int\frac{\partial u}{\partial t}\cdot(-\Delta\bar{u})\mathrm{d}x=\int\frac{-\mathrm{i}\left(\dfrac{1}{U}-a\right)}{d}u\cdot(-\Delta\bar{u})\mathrm{d}x+\int\frac{c\mathrm{i}}{4md}\Delta u\cdot(-\Delta\bar{u})\mathrm{d}x$$

$$-\int \frac{b\,|u|^2 u\mathrm{i}}{d}\cdot(-\Delta\bar{u})\mathrm{d}x.$$

分部积分,且两边取实数,可得

$$\begin{aligned}\frac{1}{2}\frac{\partial}{\partial t}\int|\nabla u|^2\mathrm{d}x=&-\frac{\left(\frac{1}{U}-a\right)d_{\mathrm{i}}}{d_{\mathrm{r}}^2+d_{\mathrm{i}}^2}\int|\nabla u|^2\mathrm{d}x-\frac{cd_{\mathrm{i}}}{4m(d_{\mathrm{r}}^2+d_{\mathrm{i}}^2)}\int|\Delta u|^2\mathrm{d}x\\&-\frac{bd_{\mathrm{i}}}{d_{\mathrm{r}}^2+d_{\mathrm{i}}^2}\mathrm{Re}\left[\int|u|^2u\cdot(-\Delta\bar{u})\mathrm{d}x\right]\\&+\frac{bd_{\mathrm{r}}}{d_{\mathrm{r}}^2+d_{\mathrm{i}}^2}\mathrm{Im}\left[\int|u|^2u\cdot(-\Delta\bar{u})\mathrm{d}x\right].\end{aligned}\tag{2.1.9}$$

利用引理 2.1.3,可得

$$\mathrm{Re}\left[\int|u|^2u\cdot(-\Delta\bar{u})\mathrm{d}x\right]\geqslant 0.$$

于是有

$$\begin{aligned}&-\frac{bd_{\mathrm{i}}}{d_{\mathrm{r}}^2+d_{\mathrm{i}}^2}\mathrm{Re}\left[\int|u|^2u\cdot(-\Delta\bar{u})\mathrm{d}x\right]+\frac{bd_{\mathrm{r}}}{d_{\mathrm{r}}^2+d_{\mathrm{i}}^2}\mathrm{Im}\left[\int|u|^2u\cdot(-\Delta\bar{u})\mathrm{d}x\right]\\&\leqslant-\frac{bd_{\mathrm{i}}}{d_{\mathrm{r}}^2+d_{\mathrm{i}}^2}\mathrm{Re}\left[\int|u|^2u\cdot(-\Delta\bar{u})\mathrm{d}x\right]+\frac{bd_{\mathrm{r}}}{d_{\mathrm{r}}^2+d_{\mathrm{i}}^2}\left|\mathrm{Im}\left[\int|u|^2u\cdot(-\Delta\bar{u})\mathrm{d}x\right]\right|\\&\leqslant-\frac{bd_{\mathrm{i}}}{d_{\mathrm{r}}^2+d_{\mathrm{i}}^2}\mathrm{Re}\left[\int|u|^2u\cdot(-\Delta\bar{u})\mathrm{d}x\right]+\frac{bd_{\mathrm{r}}}{d_{\mathrm{r}}^2+d_{\mathrm{i}}^2}\frac{1}{\sqrt{3}}\mathrm{Re}\left[\int|u|^2u\cdot(-\Delta\bar{u})\mathrm{d}x\right]\\&=\left(\frac{b\,|d_{\mathrm{r}}|}{\sqrt{3}(d_{\mathrm{r}}^2+d_{\mathrm{i}}^2)}-\frac{bd_{\mathrm{i}}}{d_{\mathrm{r}}^2+d_{\mathrm{i}}^2}\right)\mathrm{Re}\left[\int|u|^2u\cdot(-\Delta\bar{u})\mathrm{d}x\right]\\&=\frac{b}{d_{\mathrm{r}}^2+d_{\mathrm{i}}^2}\left(\frac{d_{\mathrm{r}}}{\sqrt{3}}-d_i\right)\mathrm{Re}\left[\int|u|^2u\cdot(-\Delta\bar{u})\mathrm{d}x\right]\\&\leqslant 0.\end{aligned}\tag{2.1.10}$$

其中用到条件$|d_{\mathrm{r}}|\leqslant\sqrt{3}d_{\mathrm{i}}$.

将上述估计代入方程(2.1.9),得

$$\frac{\partial}{\partial t}\int|\nabla u|^2\mathrm{d}x\leqslant\frac{-2\left(\frac{1}{U}-a\right)d_{\mathrm{i}}}{d_{\mathrm{r}}^2+d_{\mathrm{i}}^2}\int|\nabla u|^2\mathrm{d}x-\frac{cd_{\mathrm{i}}}{2m(d_{\mathrm{r}}^2+d_{\mathrm{i}}^2)}\int|\Delta u|^2\mathrm{d}x.\tag{2.1.11}$$

注意到

$$-\frac{cd_{\mathrm{i}}}{2m(d_{\mathrm{r}}^2+d_{\mathrm{i}}^2)}\leqslant 0,$$

即有

$$\frac{\partial}{\partial t}\int |\nabla u|^2 \mathrm{d}x \leqslant \frac{-2\left(\frac{1}{U}-a\right)d_{\mathrm{i}}}{d_{\mathrm{r}}^2+d_{\mathrm{i}}^2}\int |\nabla u|^2 \mathrm{d}x.$$

在区间$[0,T]$上应用 Gronwall 不等式，可以得到

$$\int |\nabla u|^2 \mathrm{d}x \leqslant \int |\nabla u_0|^2 \mathrm{d}x \exp\left\{\int_0^T \frac{-2\left(\frac{1}{U}-a\right)d_{\mathrm{i}}}{d_{\mathrm{r}}^2+d_{\mathrm{i}}^2}\mathrm{d}t\right\}$$

$$\leqslant \int |\nabla u_0|^2 \mathrm{d}x \exp\left\{\frac{-2\left(\frac{1}{U}-a\right)d_{\mathrm{i}}t}{d_{\mathrm{r}}^2+d_{\mathrm{i}}^2}\right\}.$$

令

$$r_3^2(t)=\int |\nabla u_0|^2 \mathrm{d}x \exp\left\{\frac{-2\left(\frac{1}{U}-a\right)d_{\mathrm{i}}t}{d_{\mathrm{r}}^2+d_{\mathrm{i}}^2}\right\},$$

则有

$$\|\nabla u\|^2 \leqslant r_3^2(t).$$

对式(2.1.11)的两边关于时间 t 在区间$[0,T]$上求积分，得

$$\|\nabla u(T)\|^2+\frac{cd_{\mathrm{i}}}{2m(d_{\mathrm{r}}^2+d_{\mathrm{i}}^2)}\int_0^T \|\Delta u\|^2 \mathrm{d}t$$

$$\leqslant \frac{-2\left(\frac{1}{U}-a\right)d_{\mathrm{i}}}{d_{\mathrm{r}}^2+d_{\mathrm{i}}^2}\int_0^T \|\nabla u\|^2 \mathrm{d}t+\|\nabla u(0)\|^2.$$

令 $k=\frac{cd_{\mathrm{i}}}{2m(d_{\mathrm{r}}^2+d_{\mathrm{i}}^2)}$，注意到 $k>0$，则有

$$\int_0^T \|\Delta u\|^2 \mathrm{d}t \leqslant \frac{-2\left(\frac{1}{U}-a\right)d_{\mathrm{i}}}{(d_{\mathrm{r}}^2+d_{\mathrm{i}}^2)k}\int_0^T \|\nabla u\|^2 \mathrm{d}t+\frac{\|\nabla u(0)\|^2-\|\nabla u(T)\|}{k}.$$

利用估计式$\|\nabla u\|^2 \leqslant r_3^2(t)$，得

$$\frac{\|\nabla u(0)\|^2-\|\nabla u(T)\|^2}{k} \leqslant \frac{\|\nabla u(0)\|^2+\|\nabla u(T)\|^2}{k}$$

$$\leqslant \frac{2\max(\|\nabla u(t)\|^2)}{k} \leqslant \frac{2r_3^2(t)}{k}.$$

代入前式,可得

$$\int_0^T \|\Delta u\|^2 \mathrm{d}t \leqslant \frac{-2\left(\frac{1}{U}-a\right)d_{\mathrm{i}}}{(d_{\mathrm{r}}^2+d_{\mathrm{i}}^2)k}\int_0^T \|\nabla u\|^2 \mathrm{d}t + \frac{2r_3^2(t)}{k}$$

$$\leqslant \frac{-2\left(\frac{1}{U}-a\right)d_{\mathrm{i}}}{(d_{\mathrm{r}}^2+d_{\mathrm{i}}^2)k} r_2^2(t) + \frac{2r_3^2(t)}{k}.$$

令

$$r_4^2(t) = \frac{-2\left(\frac{1}{U}-a\right)d_{\mathrm{i}}}{(d_{\mathrm{r}}^2+d_{\mathrm{i}}^2)k} r_2^2(t) + \frac{2r_3^2(t)}{k},$$

则有

$$\int_0^t \|\Delta u\|^2 \mathrm{d}t \leqslant r_4^2(t).$$

在 $H^{1,2}$ 中,将 $\Delta\bar{\varphi}$ 与方程(2.1.6)做内积,可得

$$\int \frac{\partial \varphi}{\partial t}\cdot \Delta\bar{\varphi}\mathrm{d}x = -\mathrm{i}(2v-2\mu)\int \varphi\cdot\Delta\bar{\varphi}\mathrm{d}x + \frac{\mathrm{i}}{4m}\int \Delta\varphi\cdot\Delta\bar{\varphi}\mathrm{d}x,$$

分部积分,且两边取实数,得

$$\frac{\partial}{\partial t}\int |\nabla\varphi|^2 \mathrm{d}x = 0.$$

在$[0,T]$上关于时间变量 t 求积分,可得

$$\|\nabla\varphi\|^2 = \|\nabla\varphi_0\|^2.$$

定理 2.1.4　假设 $u(x,t)$,$\varphi(x,t)$是初边值问题(2.1.1)～(2.1.4)的弱解,且满足定理 2.1.3 的条件,则对任意的 $t\in[0,+\infty)$,存在函数 $r_5(t)$,r_6,使得下列不等式成立:

$$\|\nabla u(x,t)\|_2^2 \leqslant \frac{r_5^2(t)}{t^2},\quad \|\varphi_t(x,t)\|_2^2 \leqslant r_6^2.$$

其中

$$r_5^2(t) = \frac{1}{L}(1-\mathrm{e}^{-Lt})M(t),\quad L = \frac{2\left(\frac{1}{U}-a\right)d_{\mathrm{i}}}{d_{\mathrm{r}}^2+d_{\mathrm{i}}^2},\quad M(t) = 2tr_3^2(t),$$

r_6^2是不依赖于 t 的常数.

证明　将方程(2.1.5)与 $-t^2\Delta\bar{u}$ 做内积,可得

$$\int \frac{\partial u}{\partial t} \cdot (-t^2\Delta\bar{u})\mathrm{d}x = \frac{-\mathrm{i}\left(\dfrac{1}{U}-a\right)}{d}\int u \cdot (-t^2\Delta\bar{u})\mathrm{d}x + \frac{c\mathrm{i}}{4md}\int \Delta u \cdot (-t^2\Delta\bar{u})\mathrm{d}x$$

$$-\frac{b\mathrm{i}}{d}\int |u|^2 u \cdot (-t^2\Delta\bar{u})\mathrm{d}x.$$

分部积分,并在两边取实数,得

$$\frac{1}{2}\int t^2 \frac{\partial}{\partial t}|\nabla u|^2 = \frac{-\left(\dfrac{1}{U}-a\right)d_{\mathrm{i}}}{d_{\mathrm{r}}^2+d_{\mathrm{i}}^2}\int |t\nabla u|^2\mathrm{d}x - \frac{cd_{\mathrm{i}}}{4m(d_{\mathrm{r}}^2+d_{\mathrm{i}}^2)}\int t^2|\Delta u|^2\mathrm{d}x$$

$$-\frac{bd_{\mathrm{i}}t^2}{d_{\mathrm{r}}^2+d_{\mathrm{i}}^2}\mathrm{Re}\left[\int |u|^2 u \cdot (-\Delta\bar{u})\mathrm{d}x\right]$$

$$+\frac{bd_{\mathrm{r}}t^2}{d_{\mathrm{r}}^2+d_{\mathrm{i}}^2}\mathrm{Im}\left[\int |u|^2 u \cdot (-\Delta\bar{u})\mathrm{d}x\right]. \tag{2.1.12}$$

由估计式(2.1.10)可知

$$-\frac{bd_{\mathrm{i}}t^2}{d_{\mathrm{r}}^2+d_{\mathrm{i}}^2}\mathrm{Re}\left[\int |u|^2 u \cdot (-\Delta\bar{u})\mathrm{d}x\right] + \frac{bd_{\mathrm{r}}t^2}{d_{\mathrm{r}}^2+d_{\mathrm{i}}^2}\mathrm{Im}\left[\int |u|^2 u \cdot (-\Delta\bar{u})\mathrm{d}x\right] \leqslant 0.$$

注意到

$$\frac{\partial}{\partial t}\int t^2|\nabla u|^2\mathrm{d}x = \int \frac{\partial}{\partial t}(t^2|\nabla u|^2)\mathrm{d}x = \int 2t|\nabla u|^2\mathrm{d}x + \int t^2\frac{\partial}{\partial t}|\nabla u|^2\mathrm{d}x.$$

将这些估计代入式(2.1.12),得

$$\int \frac{\partial}{\partial t}(t^2|\nabla u|^2)\mathrm{d}x - \int 2t|\nabla u|^2\mathrm{d}x$$

$$\leqslant \frac{-2d_{\mathrm{i}}\left(\dfrac{1}{U}-a\right)}{d_{\mathrm{r}}^2+d_{\mathrm{i}}^2}\int t^2|\nabla u|^2\mathrm{d}x - \frac{cd_{\mathrm{i}}}{2m(d_{\mathrm{r}}^2+d_{\mathrm{i}}^2)}\int t^2|\Delta u|^2\mathrm{d}x,$$

即

$$\int \frac{\partial}{\partial t}(t^2|\nabla u|^2)\mathrm{d}x \leqslant \int 2t|\nabla u|^2\mathrm{d}x + \frac{-2d_{\mathrm{i}}\left(\dfrac{1}{U}-a\right)}{d_{\mathrm{r}}^2+d_{\mathrm{i}}^2}\int t^2|\nabla u|^2\mathrm{d}x$$

$$-\frac{cd_{\mathrm{i}}}{2m(d_{\mathrm{r}}^2+d_{\mathrm{i}}^2)}\int t^2|\Delta u|^2\mathrm{d}x.$$

注意到 $\dfrac{cd_{\mathrm{i}}}{2m(d_{\mathrm{r}}^2+d_{\mathrm{i}}^2)}\geqslant 0$,所以

$$\int \frac{\partial}{\partial t}|t\nabla u|^2\mathrm{d}x \leqslant 2\int t|\nabla u|^2\mathrm{d}x + \frac{-2d_{\mathrm{i}}\left(\dfrac{1}{U}-a\right)}{d_{\mathrm{r}}^2+d_{\mathrm{i}}^2}\int |t\nabla u|^2\mathrm{d}x$$

$$\leqslant 2tr_3^2(t)+\frac{-2d_{\mathrm{i}}\left(\frac{1}{U}-a\right)}{d_{\mathrm{r}}^2+d_{\mathrm{i}}^2}\int|t\nabla u|^2\mathrm{d}x.$$

令

$$L=\frac{2\left(\frac{1}{U}-a\right)d_{\mathrm{i}}}{d_{\mathrm{r}}^2+d_{\mathrm{i}}^2},\quad M(t)=2tr_3^2(t),$$

则

$$\frac{\partial}{\partial t}\|t\nabla u\|^2\leqslant -L\|t\nabla u\|^2+M(t).$$

利用 Gronwall 不等式,可得

$$\|t\nabla u\|^2\leqslant\frac{1}{L}(1-\mathrm{e}^{-Lt})M(t).$$

令

$$r_5^2(t)=\frac{1}{L}(1-\mathrm{e}^{-Lt})M(t),$$

则有

$$\|t\nabla u\|^2\leqslant r_5^2(t).$$

要证明$\|\varphi_t\|^2$的有界性,需要先估计$\|\Delta\varphi\|^2$.

将方程(2.1.6)与$\nabla^4\overline{\varphi}$做内积,可得

$$\int\frac{\partial\varphi}{\partial t}\cdot\nabla^4\overline{\varphi}\mathrm{d}x=-\mathrm{i}(2\nu-2\mu)\int\varphi\cdot\nabla^4\overline{\varphi}\mathrm{d}x+\frac{\mathrm{i}}{4m}\int\Delta\varphi\cdot\nabla^4\overline{\varphi}\mathrm{d}x.$$

分部积分,两边取实数,有

$$\frac{1}{2}\frac{\partial}{\partial t}\|\Delta\varphi\|^2=0.$$

等式两边关于时间变量 t 求积分,可得

$$\|\Delta\varphi\|^2\leqslant\|\Delta\varphi_0\|^2.$$

由此可估计$\|\varphi_t\|^2$.

将方程(2.1.6)与$\overline{\varphi}_t$做内积,可得

$$\int\varphi_t\cdot\overline{\varphi}_t\mathrm{d}x=-\mathrm{i}(2\nu-2\mu)\int\varphi\cdot\overline{\varphi}_t\mathrm{d}x+\frac{\mathrm{i}}{4m}\int\Delta\varphi\cdot\overline{\varphi}_t\mathrm{d}x.$$

两边取实数,可得

$$\|\varphi_t\|^2=(2\nu-2\mu)\mathrm{Im}\left[\int\varphi\cdot\overline{\varphi}_t\mathrm{d}x\right]-\frac{1}{4m}\mathrm{Im}\left[\int\Delta\varphi\cdot\overline{\varphi}_t\mathrm{d}x\right].\tag{2.1.13}$$

由 Young 不等式可得

$$(2\nu-2\mu)\mathrm{Im}\left[\int\varphi\cdot\bar{\varphi}_t\mathrm{d}x\right]\leqslant|2\nu-2\mu|\left(\frac{1}{2\varepsilon}\|\varphi\|^2+\frac{\varepsilon}{2}\|\varphi_t\|^2\right),$$

$$-\frac{1}{4m}\mathrm{Im}\left[\int\Delta\varphi\cdot\bar{\varphi}_t\mathrm{d}x\right]\leqslant\left|\frac{1}{4m}\right|\left(\frac{1}{2\varepsilon}\|\Delta\varphi\|^2+\frac{\varepsilon}{2}\|\varphi_t\|^2\right).$$

代入式(2.1.13),得

$$\left[1-\left(|\nu-\mu|+\frac{1}{8m}\right)\varepsilon\right]\|\varphi_t\|^2\leqslant|\nu-\mu|\frac{1}{\varepsilon}\|\varphi\|^2+\frac{1}{8m\varepsilon}\|\Delta\varphi\|^2.$$

选取 ε 充分小,使得 $1-\left(|\nu-\mu|+\frac{1}{8m}\right)\varepsilon>0$,并结合前面所得到的估计,可得

$$\|\varphi_t\|^2\leqslant r_6^2.$$

其中 r_6^2 是不依赖于时间变量 t 的常数.

定理 2.1.1 的证明　在定理 2.1.2～定理 2.1.4 的条件下,可以发现存在由初边值问题(2.1.1)～(2.1.4)的弱解所生成的半群算子 S_t,且该半群算子 $S_t:E\to E$ 满足条件 $S_tu(x,t)=u(x,t)$. 选取 Banach 空间 $E=H^{1,2}(\Omega)\times H^{1,2}(\Omega)$. 由定理 2.1.2 的结论可以发现,$S_t(u,\varphi)=(u,\varphi)$ 满足 $S_t\cdot S_\tau=S_{t+\tau}$,$S_0=I$. 因此,只需依次验证引理 2.1.1 的条件即可.

利用定理 2.1.2～定理 2.1.4 的结果,可以发现 $\|(u,\varphi)\|_E\leqslant R$(待定),因此,对以 R 为半径的球 $B_R\subset E$,存在 $B\subset B_R$,且

$$\|u\|^2\leqslant\exp\left\{-\frac{2\left(\frac{1}{U}-a\right)d_{\mathrm{i}}t}{d_{\mathrm{r}}^2+d_{\mathrm{i}}^2}\right\}\|u_0\|^2=r_1^2(t),\quad\|\varphi\|^2\leqslant\|\varphi_0\|^2,$$

$$\|\nabla u\|^2\leqslant\exp\left\{\frac{-2\left(\frac{1}{U}-a\right)d_{\mathrm{i}}t}{d_{\mathrm{r}}^2+d_{\mathrm{i}}^2}\right\}\|\nabla u_0\|^2=r_3^2(t),\quad\|\nabla\varphi\|^2\leqslant\|\nabla\varphi_0\|^2,$$

$$\lim_{t\to+\infty}(\|u\|^2+\|\varphi\|^2)\leqslant\|\varphi_0\|^2,$$

$$\lim_{t\to+\infty}(\|\nabla u\|^2+\|\nabla\varphi\|^2)\leqslant\|\Delta\varphi_0\|^2.$$

因此,只需取 $R^2=\max\{r_1^2(t)+r_3^2(t)+\|\varphi_0\|^2+\|\nabla\varphi_0\|^2\}$ 即可.

又根据半群 S_t 的定义,可得

$$\|S_t(u(x,t),\varphi(x,t))\|_E^2$$

$$
\begin{aligned}
&= (\|u(\cdot,t)\|_{H^{1,2}}^2, \|\varphi(\cdot,t)\|_{H^{1,2}}^2) \\
&\leqslant \max\left\{\exp\left\{-\frac{2\left(\frac{1}{U}-a\right)d_{\mathrm{i}}t}{d_{\mathrm{r}}^2+d_{\mathrm{i}}^2}\right\}\|u_0\|^2\right. \\
&\quad \left.+\exp\left\{-\frac{2\left(\frac{1}{U}-a\right)d_{\mathrm{i}}t}{d_{\mathrm{r}}^2+d_{\mathrm{i}}^2}\right\}\|\nabla u_0\|^2, \|\varphi_0\|^2+\|\nabla\varphi_0\|^2\right\} \\
&= CR^2.
\end{aligned}
$$

这意味着 S_t 在 E 中有界,满足引理 2.1.1 的第一个条件.

选取 $B_0 = B_R \subset E$,则任意半径为 $\max\left\{\exp\left\{-\frac{2\left(\frac{1}{U}-a\right)d_{\mathrm{i}}t}{d_{\mathrm{r}}^2+d_{\mathrm{i}}^2}\right\}\|u_0\|^2+\exp\left\{-\frac{2\left(\frac{1}{U}-a\right)d_{\mathrm{i}}t}{d_{\mathrm{r}}^2+d_{\mathrm{i}}^2}\right\}\cdot\|\nabla u_0\|^2, \|\varphi_0\|^2+\|\nabla\varphi_0\|^2\right\}$ 的集合 $B = B_t(x_0, t_0)$ 是有界的.由定理 2.1.2~2.1.4 可以推出

$$
\begin{aligned}
\|S_t(u_0,\varphi_0)\|_E^2 &= (\|u(\cdot,t)\|_{H^{1,2}}^2, \|\varphi(\cdot,t)\|_{H^{1,2}}^2) \\
&\leqslant \max\left\{\exp\left\{-\frac{2\left(\frac{1}{U}-a\right)d_{\mathrm{i}}t}{d_{\mathrm{r}}^2+d_{\mathrm{i}}^2}\right\}\|u_0\|^2\right. \\
&\quad \left.+\exp\left\{-\frac{2\left(\frac{1}{U}-a\right)d_{\mathrm{i}}t}{d_{\mathrm{r}}^2+d_{\mathrm{i}}^2}\right\}\|\nabla u_0\|^2, \|\varphi_0\|^2+\|\nabla\varphi_0\|^2\right\} \quad (\forall t \geqslant t_0).
\end{aligned}
$$

注意到 $-\frac{2\left(\frac{1}{U}-a\right)d_{\mathrm{i}}}{|d|^2}\leqslant 0$,且 $t\geqslant 0$,于是,对任何 $t\geqslant T$,有 $S_tB\subset B_0$.

引理 2.1.1 的第二个条件满足.

最后,令 $A=\{(u,\varphi)\in E, \|(u,\varphi)\|_E\leqslant R\}$,由定理 2.1.2~2.1.4,可以推出,当 $t>0$ 时,有

$$
\lim_{t\to+\infty}(\|u\|^2+\|\varphi\|^2)\leqslant\|\varphi_0\|^2 = E_1,
$$

$$
\lim_{t\to+\infty}(\|\nabla u\|^2+\|\nabla\varphi\|^2)\leqslant\|\nabla\varphi_0\| = E_2,
$$

$$u_t \in L^\infty([0,\infty), L^2(\Omega)),\quad \varphi_t \in L^\infty([0,\infty), L^2(\Omega)).$$

其中 E_1, E_2 是不依赖于 t 的常数.

可见,S_t 满足引理 2.1.1 的第三个条件,即 S_t 是全连续算子.

根据引理 2.1.1 知,初边值问题(2.1.1)～(2.1.4)存在紧的整体吸引子 $A = \bigcap_{t\geqslant 0}\overline{\bigcup_{t\geqslant\tau} S_t A}$.

定理 2.1.1 即证.

2.2　不同共振条件下的金兹堡-朗道方程和线性 GP 方程

2.2.1　初边值问题及其主要结果

玻色-爱因斯坦凝聚(BEC)是指当温度低于某一临界值时,玻色子体系中大量粒子凝聚成一个或几个量子态的现象,理论与实验研究都揭示了这一现象[49]:尽管费米子不能直接形成 BEC 现象,但通过 Cooper 配对等方式可间接形成费米子对.这些费米子对如同(准)复合玻色子,是可以呈现 BEC 现象的.当粒子间的相互作用从吸引变为相互排斥时,费米子体系可以实现从 BCS 超流体到 BEC 凝聚体的转变,而 BCS 和 BEC 是 BCS - BEC 跨越现象中两个极限.近年来,这一有趣的现象引起了众多学者的关注[22-25].

金兹堡-朗道方程[9]是 1950 年由苏联物理学家 V. L. Ginzburg 和 L. D. Landau 在朗道二级相变理论的基础上发现的一个可以用来描述超导现象的模型.这个模型可以捕捉到超流体在宏观上所呈现的几乎所有特征,这一性质也深深吸引了研究费米子气体超流体的专家学者的兴趣.就像 M. Machida 等人建立 Feshbach 共振附近的费米子-玻色子模型一样,着重考虑的也是依赖于时间的金兹堡-朗道理论.

正如前面提过的,Feshbach 共振的情况对构建的数学模型具有十分关键的影响,本章仅考虑当耦合系数 $g=0$ 时,可以导致耦合系数 $b\leqslant 0$ 这种情况产生的

Feshbach 共振附近的费米子-玻色子模型.即本部分考虑初边值问题

$$-\mathrm{i}d\frac{\partial u}{\partial t}=-\left(\frac{1}{U}-a\right)u+\frac{c}{4m}\Delta u-b\,|u|^2u, \tag{2.2.1}$$

$$\mathrm{i}\frac{\partial \varphi}{\partial \mathrm{t}}=(2\nu-2\mu)\varphi-\frac{1}{4m}\Delta\varphi, \tag{2.2.2}$$

$$u(x,0)=u_0(x),\quad \varphi(x,0)=\varphi_0(x)\quad (x\in\Omega), \tag{2.2.3}$$

$$u(x,t)=0,\quad \varphi(x,t)=0,\quad ((t,x)\in[0,+\infty)\times\partial\Omega), \tag{2.2.4}$$

其中 Ω 是 $\mathbf{R}^n$ 中的有界区域,$u_0(x)\in H^{1,2}(\Omega)$,$\varphi_0(x)\in H^{1,2}(\Omega)(t\geqslant 0)$. $u(x,t)$和 $\varphi(x,t)$是两个复数函数,分别表示费米子对场和玻色子场,2ν 为 Feshbach 共振的初始能量,μ 为化学势能,$U>0$ 为 BCS 耦合系数.系数 a,b,c,m 对应金兹堡-朗道方程中的系数,且 a,c,m,U 都大于零,而 $b\leqslant 0$.此外,除 d 以外其他系数皆为实数,令 $d=d_{\mathrm{r}}+\mathrm{i}d_{\mathrm{i}}$,则$|d|^2=d_{\mathrm{r}}^2+d_{\mathrm{i}}^2$.

初边值问题(2.2.1)～(2.2.4)与初边值问题(2.1.1)～(2.1.4)相比,虽然仅仅是其中的一个耦合系数 b 由非负数变成了非正数,但是这个细微的变化会导致原先的估计方法无法得到预期的先验估计,因此,需要我们另辟蹊径,换一个角度来考虑如何建立适当先验估计的途径.并最终得到如下结果:

定理 2.2.1 设 $u(x,t)$,$\varphi(x,t)$是初边值问题(2.2.1)～(2.2.4)的整体弱解,耦合系数 $U>0$,$a>0$,$b\leqslant 0$,$c>0$,ν,μ 都是实数,$m>0$,$\frac{1}{U}-a\geqslant 0$,$d=d_{\mathrm{r}}+\mathrm{i}d_{\mathrm{i}}$,$|d_{\mathrm{r}}|\geqslant\sqrt{3}d_{\mathrm{i}}$,且 $n=3$,$u_0(x)\in H^{1,2}(\Omega)$,$\varphi_0(x)\in H^{1,2}(\Omega)$,则初边值问题(2.2.1)～(2.2.4)存在整体吸引子 A,且算子 A 满足:

(ⅰ) $S_tA=A$,对于 $t\in\mathbf{R}^+$ 成立;

(ⅱ) $\lim\limits_{t\to\infty}(S_tB,A)=0$,这里 $B\subset H^{1,2}(\Omega)$,$\mathrm{dist}(S_tB,A)=\sup\limits_{x\in B}\inf\limits_{y\in A}\|S_tx-y\|_E$.

其中 $E=H^{1,2}(\Omega)\times H^{1,2}(\Omega)$,$\{S(t)\}_{t\geqslant 0}$是由初边值问题(2.2.1)～(2.2.4)的弱解所生成的半群算子,且吸引子为

$$A=\bigcap_{\tau\geqslant 0}\overline{\bigcup_{t\geqslant\tau}S_tA}.$$

2.2.2 基本引理和先验估计

这里着重介绍证明定理 2.2.1 时需要用到的一些基本引理和先验估计,为此,需要将耦合方程(2.2.1)、(2.2.2)改写成如下形式:

$$\frac{\partial u}{\partial t}=\frac{-\mathrm{i}\left(\frac{1}{U}-a\right)u}{d}+\frac{\mathrm{i}c}{4md}\Delta u-\frac{\mathrm{i}b}{d}|u|^2u, \tag{2.2.5}$$

$$\frac{\partial \varphi}{\partial t}=-\mathrm{i}(2\nu-2\mu)\varphi+\frac{\mathrm{i}}{4m}\Delta\varphi. \tag{2.2.6}$$

引理 2.2.1[50]　Ω 是 $\mathbf{R}^n$ 中具有利普希茨边界的有界域，对于任意指数 $k>\frac{n}{2}$ 及实数 $q\in[1,\infty]$，存在常数 $C_1(n,k,q)$，使得下列不等式成立：

(ⅰ) $u\in H^k(\Omega)$，

$$\|\nabla^k(|u|^2u)\|_2\leqslant 3^kC_1(k,n,q)\|u\|_{k,2}^{\tau}\cdot\|u\|_q^{3-\tau},$$

其中

$$\tau=\frac{\left(k-\frac{n}{2}\right)+\frac{3n}{q}}{\left(k-\frac{n}{2}\right)+\frac{n}{q}}.$$

(ⅱ) $u,\nu\in H^k(\Omega)$，

$$\|\nabla^k(|u|^2u-|\nu|^2\nu)\|_2\leqslant 3^kC_2(k,n)\cdot(\|u\|_{k,2}^2+\|\nu\|_{k,2}^2)\|u-\nu\|_{k,2},$$

其中

$$C_2(k,n)=16C_1(k,n,2).$$

定理 2.2.2　假设耦合系数 a,c,m,μ,ν 和 U 都是非负实数，d 是复数且 $d=d_{\mathrm{r}}+\mathrm{i}d_{\mathrm{i}}$，$d_{\mathrm{i}}>0$，$b\leqslant 0$，$\sqrt{3}d_{\mathrm{i}}\leqslant|d_{\mathrm{r}}|$，$\frac{1}{U}-a\geqslant 0$，若 $u(x,t)$，$\varphi(x,t)$ 是初边值问题(2.2.1)～(2.2.4)的弱解，则对 $u_0(x)\in H^{1,2}(\Omega)$，$\varphi_0(x)\in H^{1,2}(\Omega)$，下列估计式成立：

$$\|\nabla u\|^2\leqslant \mathrm{e}^{-\frac{2\left(\frac{1}{U}-a\right)d_{\mathrm{i}}t}{|d|^2}}\|\nabla u_0\|^2,$$

$$\|\nabla\varphi\|^2\leqslant\|\nabla\varphi_0\|^2,$$

$$\overline{\lim_{t\to+\infty}}(\|\nabla u\|^2+\|\nabla\varphi\|^2)=\|\nabla\varphi_0\|^2=E_1.$$

其中 E_1 是不依赖于时间变量 t 的常数.

证明　在 $H^{1,2}$ 中，将方程(2.2.5)与 $-\Delta\bar{u}$ 做内积，可得

$$\int\frac{\partial u}{\partial \mathrm{t}}\cdot(-\Delta\bar{u})\mathrm{d}x=\int\frac{-\mathrm{i}\left(\frac{1}{U}-a\right)}{d}u\cdot(-\Delta\bar{u})\mathrm{d}x+\int\frac{c\mathrm{i}}{4md}\Delta u\cdot(-\Delta\bar{u})\mathrm{d}x$$

$$-\int \frac{\mathrm{i}b}{d}|u|^2 u \cdot (-\Delta \bar{u})\mathrm{d}x.$$

分部积分,并对所得的方程两边取实部,可得

$$\frac{1}{2}\frac{\partial}{\partial t}\int |\nabla u|^2 \mathrm{d}x = -\frac{\left(\frac{1}{U}-a\right)d_{\mathrm{i}}}{|d|^2}\int |\nabla u|^2 \mathrm{d}x - \frac{cd_{\mathrm{i}}}{4m|d|^2}\int |\Delta u|^2 \mathrm{d}x + \mathrm{Re}\left[\frac{\mathrm{i}b}{d}\int |u|^2 u \cdot (\Delta \bar{u})\mathrm{d}x\right]. \tag{2.2.7}$$

为了估计式(2.2.7)中的最后一项,需要用到基本等式

$$|u|^2|\nabla u|^2 = \frac{1}{4}|\nabla |u|^2|^2 + \frac{1}{4}|u\nabla \bar{u} - \bar{u}\nabla u|^2. \tag{2.2.8}$$

结合分部积分、基本等式(2.2.8)和二项型函数的性质,可得

$$\begin{aligned}
&\mathrm{Re}\left[\frac{\mathrm{i}b}{d}\int |u|^2 u \cdot (\Delta \bar{u})\mathrm{d}x\right] \\
&= -\mathrm{Re}\left[\left(\frac{bd_{\mathrm{i}}}{|d|^2} + \frac{\mathrm{i}bd_{\mathrm{r}}}{|d|^2}\right)\int (|u|^2|\nabla u|^2 + u(\nabla \bar{u})\nabla |u|^2)\mathrm{d}x\right] \\
&= -\mathrm{Re}\left\{\left(\frac{bd_{\mathrm{i}}}{|d|^2} + \frac{\mathrm{i}bd_{\mathrm{r}}}{|d|^2}\right)\int [|u|^2|\nabla u|^2 \right. \\
&\quad \left. + \frac{1}{2}|\nabla |u|^2|^2 + \frac{1}{2}(u\nabla \bar{u} - \bar{u}\nabla u)\nabla |u|^2]\mathrm{d}x\right\} \\
&= -\frac{bd_{\mathrm{i}}}{|d|^2}\int |u|^2|\nabla u|^2 \mathrm{d}x - \frac{bd_{\mathrm{i}}}{2|d|^2}\int |\nabla |u|^2|^2 \mathrm{d}x \\
&\quad - \frac{\mathrm{i}bd_{\mathrm{r}}}{2|d|^2}\int (u\nabla \bar{u} - \bar{u}\nabla u)\nabla |u|^2 \mathrm{d}x \\
&= -\frac{b}{4|d|^2}\int [4d_{\mathrm{i}}|u|^2|\nabla u|^2 + 2d_{\mathrm{i}}|\nabla |u|^2|^2 \\
&\quad + 2\mathrm{i}d_{\mathrm{r}}(u\nabla \bar{u} - \bar{u}\nabla u)\nabla |u|^2]\mathrm{d}x \\
&= -\frac{b}{4|d|^2}\int [d_{\mathrm{i}}(|\nabla |u|^2|^2 + |u\nabla \bar{u} - \bar{u}\nabla u|^2) + 2d_{\mathrm{i}}|\nabla |u|^2|^2 \\
&\quad + 2\mathrm{i}d_{\mathrm{r}}(u\nabla \bar{u} - \bar{u}\nabla u)\nabla |u|^2]\mathrm{d}x \\
&= -\frac{b}{4|d|^2}\int \{3d_{\mathrm{i}}|\nabla |u|^2|^2 + 2\mathrm{i}d_{\mathrm{r}}(u\nabla \bar{u} - \bar{u}\nabla u)\nabla |u|^2 \\
&\quad + d_{\mathrm{i}}|u\nabla \bar{u} - \bar{u}\nabla u|^2\}\mathrm{d}x.
\end{aligned} \tag{2.2.9}$$

则由二次型函数的性质知,当系数矩阵

$$\begin{pmatrix} 3d_i & d_r \\ d_r & d_i \end{pmatrix}$$

为非正定矩阵，即 $3d_i^2 - d_r^2 \leqslant 0$ 时，相应的二次型函数为非正的. 因此，当$\sqrt{3}\, d_i \leqslant |d_r|$时，可得估计式(2.2.9)是非正的. 代入方程(2.2.7)可得

$$\frac{\partial}{\partial t}\int |\nabla u|^2 \mathrm{d}x \leqslant -\frac{2\left(\frac{1}{U} - a\right)d_i}{|d|^2}\int |\nabla u|^2 \mathrm{d}x - \frac{cd_i}{2m\,|d|^2}\int |\Delta u|^2 \mathrm{d}x. \tag{2.2.10}$$

注意到$-\frac{cd_i}{2m\,|d|^2} \leqslant 0$，则有

$$\frac{\partial}{\partial t}\int |\nabla u|^2 \mathrm{d}x \leqslant -\frac{2\left(\frac{1}{U} - a\right)d_i}{|d|^2}\int |\nabla u|^2 \mathrm{d}x.$$

由 Gronwall 不等式可知

$$\|\nabla u\|^2 \leqslant \exp\left\{-\frac{2\left(\frac{1}{U} - a\right)d_i t}{|d|^2}\right\}\|\nabla u_0\|^2. \tag{2.2.11}$$

接下来对$\|\nabla \varphi\|^2$ 进行估计.

在 $H^{1,2}$中，将方程(2.2.6)与$-\Delta\bar{\varphi}$ 做内积，得

$$\int \frac{\partial \varphi}{\partial t} \cdot (-\Delta\bar{\varphi})\mathrm{d}x = -\mathrm{i}(2\nu - 2\mu)\int \varphi \cdot (-\Delta\bar{\varphi})\mathrm{d}x + \frac{\mathrm{i}}{4m}\int \Delta\varphi \cdot (-\Delta\bar{\varphi})\mathrm{d}x.$$

分部积分，且两边取实部，得

$$\frac{1}{2}\frac{\mathrm{d}}{\mathrm{d}t}\int |\nabla \varphi|^2 \mathrm{d}x = 0.$$

对前式两边关于时间变量 t 在$(0,T)$上积分，有

$$\|\nabla \varphi\|^2 \leqslant \|\nabla \varphi_0\|^2.$$

定理 2.2.3　设 $u(x,t)$，$\varphi(x,t)$是初边值问题(2.2.1)～(2.2.4)的弱解，且满足定理 2.2.2 的条件，则下列不等式成立：

$$\|u\|^2 \leqslant \lambda \exp\left\{-\frac{2\left(\frac{1}{U} - a\right)d_i t}{|d|^2}\right\}\|\nabla u_0\|^2,$$

$$\|\varphi\|^2 \leqslant \|\varphi_0\|^2,$$

$$\overline{\lim_{t\to+\infty}}(\|u\|^2+\|\varphi\|^2)\leqslant\|\varphi_0\|^2=E_2.$$

其中 λ 为 Poincaré 系数，E_2 是不依赖于时间变量 t 的常数.

证明 由不等式(2.2.11)可知

$$\|\nabla u\|^2\leqslant\exp\left\{-\frac{2\left(\frac{1}{U}-a\right)d_{\mathrm{i}}t}{|d|^2}\right\}\|\nabla u_0\|^2.$$

利用 Poincaré 不等式可知$\|u\|^2\leqslant\lambda\|\nabla u\|^2$，则有

$$\|u\|^2\leqslant\lambda\exp\left\{-\frac{2\left(\frac{1}{U}-a\right)d_{\mathrm{i}}t}{|d|^2}\right\}\|\nabla u_0\|^2.$$

其中 λ 为 Poincaré 不等式系数.

接下来再对$\|\varphi\|^2$ 进行先验估计.

在 $H^{1,2}$中，用方程(2.2.6)与 $\overline{\varphi}$ 做内积，可得

$$\int\frac{\partial\varphi}{\partial t}\cdot\overline{\varphi}\mathrm{d}x=-\mathrm{i}(2\nu-2\mu)\int\varphi\cdot\overline{\varphi}\mathrm{d}x+\frac{\mathrm{i}}{4m}\int\Delta\varphi\cdot\overline{\varphi}\mathrm{d}x.$$

分部积分，且两边同时取实部，得

$$\frac{1}{2}\frac{\partial}{\partial t}\int|\varphi|^2\mathrm{d}x=0.$$

在$(0,t)$上，对等式两边关于时间变量 t 求积分，可得

$$\|\varphi\|^2=\|\varphi_0\|^2.$$

定理 2.2.4 设 $u(x,t)$，$\varphi(x,t)$是初边值问题(2.2.1)～(2.2.4)的弱解，且满足定理 2.2.3 的条件，则存在常数 C_1 使得

$$\|\Delta u\|^2\leqslant\|\Delta u_0\|^2\mathrm{e}^{\int_0^t M(t)\mathrm{d}t}+\int_0^t L(s)\mathrm{e}^{\int_s^t M(t)\mathrm{d}t}\mathrm{d}s,$$

$$\|\Delta\varphi\|^2\leqslant\|\Delta\varphi_0\|^2.$$

其中

$$M(t)=-\frac{2d_{\mathrm{i}}}{|d|^2}\left(\frac{1}{U}-a\right),$$

$$L(t)=C_1\left[\exp\left\{-\frac{2\left(\frac{1}{U}-a\right)d_{\mathrm{i}}t}{|d|^2}\right\}\|\nabla u_0\|^2\right]^{\frac{4-\tau}{2-\tau}}\quad(\tau<3).$$

证明　用$\nabla^4 \bar{u}$乘以方程(2.2.5)并积分,得

$$\int \frac{\partial u}{\partial t} \cdot \nabla^4 \bar{u} \mathrm{d}x = \frac{-\mathrm{i}\left(\frac{1}{U}-a\right)}{d}\int u \cdot \nabla^4 \bar{u} \mathrm{d}x + \frac{c\mathrm{i}}{4md}\int \Delta u \cdot \nabla^4 \bar{u} \mathrm{d}x - \frac{b\mathrm{i}}{d}\int |u|^2 u \cdot \nabla^4 \bar{u} \mathrm{d}x.$$

分部积分,且两边取实部,得

$$\frac{1}{2}\frac{\partial}{\partial t}\|\Delta u\|^2 + \frac{cd_{\mathrm{i}}}{4m|d|^2}\|\nabla u\|^2 \leqslant -\frac{d_{\mathrm{i}}}{|d|^2}\left(\frac{1}{U}-a\right)\|\Delta u\|^2 + \left|\frac{b}{d}\right|\int |\nabla^3(|u|^2 u)||\nabla \bar{u}|\mathrm{d}x \tag{2.2.12}$$

利用Hölder不等式,并结合引理2.2.1,可得

$$\begin{aligned}
&\left|\frac{b}{d}\right|\int |\nabla^3(|u|^2 u)||\nabla u|\mathrm{d}x \\
&\leqslant \left|\frac{b}{d}\right|\left(\int |\nabla^3(|u|^2 u)|^2 \mathrm{d}x\right)^{\frac{1}{2}} \cdot \left(\int |\nabla u|^2 \mathrm{d}x\right)^{\frac{1}{2}} \\
&= \left|\frac{b}{d}\right|\|\nabla^3(|u|^2 u)\|_2 \|\nabla u\|_2 \\
&\leqslant \left|\frac{b}{d}\right| 27c(3,n,2)\|u\|_{3,2}^{\tau} \cdot \|u\|_2^{3-\tau}\|\nabla u\|_2 \\
&\leqslant \varepsilon\|u\|_{3,2}^2 + C(\varepsilon)\left(\left|\frac{b}{d}\right| 27c(3,n,2)\|u\|_2^{3-\tau}\|\nabla u\|_2\right)^{\frac{2}{2-\tau}}.
\end{aligned} \tag{2.2.13}$$

选取$n<6$,则有$\tau = \frac{3+n}{3} < 3$,且$\|u\|_{3,2}^2 = \int (\nabla^3 u)^2 \mathrm{d}x$.

又取$\varepsilon = \frac{cd_{\mathrm{i}}}{4m|d|^2}$,结合估计式(2.2.12),式(2.2.13)以及定理2.2.2和定理2.2.3,可知

$$\begin{aligned}
\frac{\partial}{\partial t}\|\Delta u\|^2 &\leqslant -\frac{2d_{\mathrm{i}}}{|d|^2}\left(\frac{1}{U}-a\right)\|\Delta u\|^2 + 2C(\varepsilon)\left(\left|\frac{b}{d}\right| 27c(3,n,2)\|u\|_2^{3-\tau}\|\nabla u\|_2\right)^{\frac{2}{2-\tau}} \\
&\leqslant -\frac{2d_{\mathrm{i}}}{|d|^2}\left(\frac{1}{U}-a\right)\|\Delta u\|^2 + C_1\left[\exp\left\{-\frac{2\left(\frac{1}{U}-a\right)d_{\mathrm{i}}t}{|d|^2}\right\}\|\nabla u_0\|^2\right]^{\frac{4-\tau}{2-\tau}}.
\end{aligned} \tag{2.2.14}$$

其中$-\frac{2d_{\mathrm{i}}}{|d|^2}\left(\frac{1}{U}-a\right)\leqslant 0$,$C_1$是与$t$无关的常数.

令

$$M(t) = -\frac{2d_{\mathrm{i}}}{|d|^2}\left(\frac{1}{U} - a\right), \quad L(t) = C_1\left(\exp\left\{-\frac{2\left(\frac{1}{U} - a\right)d_{\mathrm{i}}t}{|d|^2}\right\}\|\nabla u_0\|^2\right)^{\frac{4-\tau}{2-\tau}},$$

则式(2.2.14)可转化为

$$\frac{\partial}{\partial t}\|\Delta u\|^2 \leqslant M(t)\|\Delta u\|^2 + L(t).$$

利用 Gronwall 不等式,可得

$$\|\Delta u\|^2 \leqslant \|\Delta u_0\|^2 \exp\left\{\int_0^t M(t)\mathrm{d}t\right\} + \int_0^t L(s)\exp\left\{\int_s^t M(t)\mathrm{d}t\right\}\mathrm{d}s.$$

为了估计$\|\Delta\varphi\|$,将方程(2.2.6)与$\nabla^4\bar{\varphi}$做内积,分部积分,并两边取实部,可得

$$\frac{1}{2}\frac{\partial}{\partial t}\|\Delta\varphi\|^2 = 0.$$

两边同时关于时间变量 t 在$(0,T)$上积分,可得

$$\|\Delta\varphi\|^2 \leqslant \|\Delta\varphi_0\|^2.$$

定理 2.2.5 在定理 2.2.2～2.2.4 的条件下,$n=3$,初边值问题(2.2.1)～(2.2.4)的弱解满足

$$u_t \in L^\infty([0,+\infty), L^2(\Omega)), \quad \varphi_t \in L^\infty([0,+\infty), L^2(\Omega)).$$

证明 将方程(2.2.5)与$\bar{u}_t$做内积,可得

$$\int u_t \cdot \bar{u}_t\mathrm{d}x = -\frac{\mathrm{i}\left(\frac{1}{U} - a\right)}{d}\int u \cdot \bar{u}_t\mathrm{d}x + \frac{\mathrm{i}c}{4md}\int \Delta u \cdot \bar{u}_t\mathrm{d}x - \frac{\mathrm{i}b}{d}\int |u|^2 u \cdot \bar{u}_t\mathrm{d}x.$$

两边取实部,可得

$$\begin{aligned}
\|u_t\|_2^2 =& \mathrm{Re}\left[-\frac{\mathrm{i}\left(\frac{1}{U} - a\right)}{d}\int u \cdot \bar{u}_t\mathrm{d}x\right] + \mathrm{Re}\left[\frac{\mathrm{i}c}{4md}\int \Delta u \cdot \bar{u}_t\mathrm{d}x\right] \\
&+ \mathrm{Re}\left[-\frac{\mathrm{i}b}{d}\int |u|^2 u \cdot \bar{u}_t\mathrm{d}x\right] \\
\leqslant& \frac{\frac{1}{U} - a}{|d|}\int |u| \cdot |\bar{u}_t|\mathrm{d}x + \frac{c}{4m|d|}\int |\Delta u| \cdot |\bar{u}_t|\mathrm{d}x \\
&+ \left|\frac{b}{d}\right|\int |u|^3 |\bar{u}_t|\mathrm{d}x. \qquad (2.2.15)
\end{aligned}$$

利用 Young 不等式,式(2.2.15)可化为

$$\|u_t\|_2^2 \leqslant \frac{\left(\frac{1}{U}-a\right)}{|d|}\left(\frac{1}{2\varepsilon}\|u\|^2+\frac{\varepsilon}{2}\|u_t\|^2\right)+\frac{c}{4m|d|}\left(\frac{1}{2\varepsilon}\|\Delta u\|^2+\frac{\varepsilon}{2}\|u_t\|^2\right)$$
$$+\left|\frac{b}{d}\right|\left(\frac{1}{2\varepsilon}\|u\|_6^6+\frac{\varepsilon}{2}\|u_t\|^2\right).$$

整理得

$$\left\{1-\left[\frac{\left(\frac{1}{U}-a\right)}{2|d|}+\frac{c}{8m|d|}+\frac{|b|}{2|d|}\right]\varepsilon\right\}\|u_t\|^2$$
$$\leqslant \frac{\left(\frac{1}{U}-a\right)}{2|d|\varepsilon}\|u\|^2+\frac{c}{8m|d|\varepsilon}\|\Delta u\|^2+\frac{|b|}{2|d|\varepsilon}\|u\|_6^6.$$

令

$$k=1-\left[\frac{\left(\frac{1}{U}-a\right)}{2|d|}+\frac{c}{8m|d|}+\frac{|b|}{2|d|}\right]\varepsilon,$$

取 ε 足够小，使得 $k\geqslant 0$，并结合定理 2.2.2～2.2.4 的估计，可得

$$\|u_t\|^2 \leqslant C(\varepsilon)\|\nabla u_0\|^2+\frac{|b|}{2|d|\varepsilon k}\|u\|_6^6. \tag{2.2.16}$$

当 $n=3$ 时，利用 Sobolev 嵌入定理，并结合 Poincaré 不等式及定理 2.2.2、2.2.3，可得

$$\|u\|_6^6 \leqslant C_2(\|u\|^2+\|\nabla u\|^2) \leqslant C_2'\exp\left\{-\frac{2\left(\frac{1}{U}-a\right)d_i t}{|d|^2}\right\}\|\nabla u_0\|^2. \tag{2.2.17}$$

注意到

$$-\frac{2\left(\frac{1}{U}-a\right)d_i}{|d|^2}\leqslant 0 \quad (t\in[0,+\infty)),$$

结合估计式(2.2.16)与式(2.2.17)可知

$$\|u_t\|^2 \leqslant C(\varepsilon)\|\nabla u_0\|^2,$$

即证得

$$u_t\in L^\infty([0,+\infty),L^2(\Omega)).$$

为了估计 $\|\varphi_t\|^2$，只需将 $\overline{\varphi}_t$ 与方程(2.2.6)做内积，可得

$$\int \varphi_t \cdot \bar{\varphi}_t \mathrm{d}x = -\mathrm{i}(2\nu - 2\mu)\int \varphi \cdot \bar{\varphi}_t \mathrm{d}x + \frac{\mathrm{i}}{4m}\int \Delta\varphi \cdot \bar{\varphi}_t \mathrm{d}x.$$

两边分别取实部,可得

$$\|\varphi_t\|^2 = (2\nu - 2\mu)\mathrm{Im}\left[\int \varphi \cdot \varphi_t \mathrm{d}x\right] - \frac{1}{4m}\mathrm{Im}\left[\int \Delta\varphi \cdot \varphi_t \mathrm{d}x\right]. \quad (2.2.18)$$

利用 Young 不等式可知

$$(2\nu - 2\mu)\mathrm{Im}\left[\int \varphi \cdot \varphi_t \mathrm{d}x\right] \leqslant |2\nu - 2\mu|\left(\frac{1}{2\varepsilon}\|\varphi\|^2 + \frac{\varepsilon}{2}\|\varphi_t\|^2\right),$$

$$-\frac{1}{4m}\mathrm{Im}\left[\int \Delta\varphi \cdot \varphi_t \mathrm{d}x\right] \leqslant \left|\frac{1}{4m}\right|\left(\frac{1}{2\varepsilon}\|\Delta\varphi\|^2 + \frac{\varepsilon}{2}\|\varphi_t\|^2\right).$$

将这些估计式代入等式(2.2.18),得

$$\left[1 - \left(|\nu - \mu| + \frac{1}{8m}\right)\varepsilon\right]\|\varphi_t\|^2 \leqslant |\nu - \mu|\frac{1}{\varepsilon}\|\varphi\|^2 + \frac{1}{8m\varepsilon}\|\Delta\varphi\|^2.$$

选取 ε 充分小,使得 $1 - \left(|\nu - \mu| + \frac{1}{8m}\right)\varepsilon \geqslant 0$,并结合定理 2.2.2～2.2.4 可知

$$\varphi_t \in L^\infty([0, +\infty), L^2(\Omega)).$$

2.2.3 整体吸引子的存在性

有了前面这些关于弱解的先验估计,我们就可以根据整体吸引子存在性定理,来推导初边值问题(2.2.1)～(2.2.4)整体吸引子的存在性.即利用引理 2.2.1,并结合定理 2.2.2～2.2.5 的结果来证明定理 2.2.1 是成立的.

定理 2.2.1 的证明 由定理 2.2.2～2.2.4 的结论可以发现,由初边值问题(2.2.1)～(2.2.4)的弱解生成的半群算子 $\{S_t\}_{t\geqslant 0}$ 满足条件:

$$S_t: H^{1,2}(\Omega) \to H^{1,2}(\Omega), \quad S_t\boldsymbol{u}(x,t) = \boldsymbol{u}(x,t), \quad \boldsymbol{u}(x,t) = (u(x,t), \varphi(x,t))^{\mathrm{T}}.$$

选取 Banach 空间 $E = H^{1,2}(\Omega)$,使得

$$\|(u,\varphi)^{\mathrm{T}}\| \in E, \|(u,\varphi)^{\mathrm{T}}\|_E^2 = \|u\|_{H^{1,2}}^2 + \|\varphi\|_{H^{1,2}}^2, \text{且 } S_t: E \to E.$$

假设半径为 R(这里 $\|(u,\varphi)^{\mathrm{T}}\|_E \leqslant R$)的球 $B_R \subset E$,存在 $B \subset B_R$,则由定理 2.2.2～2.2.4,可以推出

$$\|u\|_{L^2}^2 \leqslant \lambda \exp\left\{\frac{-2\left(\frac{1}{U} - a\right)d_{\mathrm{i}}t}{|d|^2}\right\}\|\nabla u_0\|_{L^2}^2,$$

$$\|\nabla u\|_{L^2}^2 \leqslant \exp\left\{\frac{-2\left(\frac{1}{U}-a\right)d_{\mathrm{i}}t}{|d|^2}\right\}\|\nabla u_0\|_{L^2}^2,$$

$$\|\varphi\|_{L^2}^2 \leqslant \|\varphi_0\|_{L^2}^2, \quad \|\nabla\varphi\|_{L^2}^2 \leqslant \|\nabla\varphi_0\|_{L^2}^2,$$

$$\begin{aligned}\|S_t(u,\varphi)^{\mathrm{T}}\|_E^2 &\leqslant \|u(\cdot,t)\|_{H^{1,2}}^2 + \|\varphi(\cdot,t)\|_{H^{1,2}}^2 \\ &\leqslant \exp\left\{-\frac{2\left(\frac{1}{U}-a\right)d_{\mathrm{i}}t}{|d|^2}\right\}\|u_0\|^2 \\ &\quad + \lambda\exp\left\{-\frac{2\left(\frac{1}{U}-a\right)d_{\mathrm{m}}t}{|d|^2}\right\} + \|\varphi_0\|^2 + \|\nabla\varphi_0\|^2 \\ &\leqslant CR^2 \quad (t \geqslant 0,(u_0,\varphi_0)^{\mathrm{T}} \in B).\end{aligned}$$

这意味着 S_t 在 E 中一致有界，满足引理 2.1.1 中的条件(1).

其次，从定理 2.2.2～2.2.5 的结果，可以发现

$$\begin{aligned}\|S_t(u,\varphi)^{\mathrm{T}}\|_E^2 &\leqslant \|u(\cdot,t)\|_{H^{1,2}}^2 + \|\varphi(\cdot,t)\|_{H^{1,2}}^2 \\ &\leqslant 2(E_1+E_2) \quad (\forall\, t \geqslant t_0).\end{aligned}$$

因此

$$\bar{A} = \{(u,\varphi)^{\mathrm{T}} \in E, \|(u,\varphi)^{\mathrm{T}}\|_E \leqslant 2(E_1+E_2)\}$$

是半群算子 S_t 的有界吸收集，在 $H^{1,2}$ 中存在弱紧性，则引理 2.1.1 中的条件(2)得证.

最后，利用定理 2.2.2～2.2.4 的结果可知

当 $t>0$ 时，

$$\overline{\lim_{t\to+\infty}}(\|u\|_{L^2}^2 + \|\varphi\|_{L^2}^2) \leqslant \|\varphi_0\|_{L^2}^2 = E_2,$$

$$\overline{\lim_{t\to+\infty}}(\|\nabla u\|_{L^2}^2 + \|\nabla\varphi\|_{L^2}^2) \leqslant \|\nabla\varphi_0\|_{L^2}^2 = E_1.$$

$$u_t \in L^\infty([0,+\infty, L^2(\Omega))), \quad \varphi_t \in L^\infty([0,+\infty, L^2(\Omega))).$$

故当 $t>0$ 时，S_t 为全连续算子，引理 2.1.1 中的条件(3)满足.

于是，由引理 2.1.1 可知，半群算子 S_t 具有紧的整体吸引子 $A = \bigcap_{\tau\geqslant 0}\overline{\bigcup_{t\geqslant\tau} S_t A}$.

定理 2.2.1 即证.

第 3 章 一般形式的金兹堡-朗道方程和线性 GP 方程

本章主要介绍两类形式更为一般的由金兹堡-朗道方程和线性 GP 方程耦合的方程组的动力学行为.一类是在非平衡态下的金兹堡-朗道方程和线性 GP 方程耦合的方程组;另一类是在由外力作用下的金兹堡-朗道方程和线性 GP 方程耦合的方程组.这两类耦合方程组都是在超流体和玻色-爱因斯坦凝聚现象间的跨越模型中推导出来的.本章的主要目的是考虑这两类方程组的吸引子问题.

3.1 非平衡态下的金兹堡-朗道方程和 GP 方程

3.1.1 耦合方程组及主要结果

这里着重考虑如下形式的非平衡态耦合方程组的动力学性质:

$$-\mathrm{i}du_t=-\left(\frac{1}{U}-a\right)u+\frac{c}{4m}\Delta u-b\,|u|^p u,\tag{3.1.1}$$

$$\mathrm{i}\varphi_t=(2\nu-2\mu)\varphi-\frac{1}{4m}\Delta\varphi,\tag{3.1.2}$$

$$u(x,0)=u_0,\quad \varphi(x,0)=\varphi_0\quad (x\in\Omega),\tag{3.1.3}$$

$$u(x,t)=0,\quad \varphi(x,t)=0\quad ((t,x)\in[0,+\infty)\times\partial\Omega),\tag{3.1.4}$$

其中 Ω 是欧式空间 $\mathbf{R}^n$ 中的有界区域,$t\geqslant0$,耦合系数 a,b,c,m 和 U 都是正数,化学势能 μ 和 Feshbach 共振的初始能量 2ν 都是实数,而另一个耦合系数 d 则一般为复数,表示为 $d=d_{\mathrm{r}}+\mathrm{i}d_{\mathrm{i}}$,且 $|d|^2=d_{\mathrm{r}}^2+d_{\mathrm{i}}^2$.

在给定适当的条件之后，且有如下结果：

定理 3.1.1　假设 $u(x,t)$，$\varphi(x,t)$是初边值问题(3.1.1)～(3.1.4)的弱解，耦合系数 a,b,c,m 和 U 都是正常数，$d=d_r+\mathrm{i}d_i$ 为复数，$p>0$，$\frac{1}{U}-a\geqslant 0$，$d_i\geqslant\frac{p|d_r|}{\sqrt{2p+1}}>0$，且 $pn<6$，则初边值问题(3.1.1)～(3.1.4)几乎处处存在整体吸引子 A，并且 A 满足：

(ⅰ) $S_tA=A\quad(t\in\mathbf{R}^+)$；

(ⅱ) 对任何有界集 $B\subset H^{1,2}(\Omega)$，有$\lim\limits_{t\to\infty}(S_tB,A)=0$，

这里

$$\mathrm{dist}(S_tB,A)=\sup_{x\in B}\inf_{y\in A}\|S_tx-y\|_E.$$

且 S_t 是由初边值问题(3.1.1)～(3.1.4)的弱解生成的半群算子，且吸引子为

$$A=\bigcap_{\tau\geqslant 0}\overline{\bigcup_{t\geqslant\tau}S_tA}.$$

3.1.2　先验估计

这里主要是根据定理 3.1.1 的证明的需要而建立的一些适当的先验估计.

定理 3.1.2　假设 $u(x,t)$，$\varphi(x,t)$是初边值问题(3.1.1)～(3.1.4)的弱解，耦合系数 a,b,c,m 和 U 都是正常数，$d=d_r+\mathrm{i}d_i$ 为复数，$p>0$，$b>0$，$d_i\geqslant\frac{p|d_r|}{\sqrt{2p+1}}$，$m>0$，$c>0$，$\frac{1}{U}-a\geqslant 0$，则有

$$\|u\|^2\leqslant\exp\left\{-\frac{2\left(\frac{1}{U}-a\right)d_it}{|d|^2}\right\}\|u_0\|^2,$$

$$\|u\|_{2p+2}^2\leqslant \mathrm{e}^{C_1t}\|u_0\|_{2p+2}^2,$$

$$\|\varphi\|^2\leqslant\|\varphi_0\|^2,\quad \lim_{t\to+\infty}(\|u\|^2+\|\varphi\|^2)\leqslant\|\varphi_0\|^2=E_1.$$

其中 $C_1=-\frac{2\left(\frac{1}{U}-a\right)d_i(p+1)}{|d|^2}\leqslant 0$，$E_1$为不依赖于时间变量 t 的常数.

证明　将方程(3.1.1)、(3.1.2)改写为

$$u_t=\frac{-\mathrm{i}\left(\frac{1}{U}-a\right)}{d}u+\frac{\mathrm{i}c}{4md}\Delta u-\frac{\mathrm{i}b\ |u|^pu}{d},\tag{3.1.5}$$

$$\varphi_t = -\mathrm{i}(2\nu - 2\mu)\varphi + \frac{\mathrm{i}}{4m}\Delta\varphi, \tag{3.1.6}$$

在空间 $H^{1,2}(\Omega)$中,将方程(3.1.5)与 $\bar{u}$ 做内积,可得

$$(u_t, \bar{u}) = \frac{-\mathrm{i}\left(\frac{1}{U} - a\right)}{d}(u, \bar{u}) + \frac{\mathrm{i}c}{4md}(\Delta u, \bar{u}) - \frac{\mathrm{i}b}{d}(|u|^p u, \bar{u}).$$

分部积分,可得

$$\int u_t \cdot \bar{u}\mathrm{d}x = \frac{-\mathrm{i}\left(\frac{1}{U} - a\right)}{d}\int |u|^2 \mathrm{d}x - \frac{\mathrm{i}c}{4md}\int |\nabla u|^2 \mathrm{d}x - \frac{\mathrm{i}b}{d}\int |u|^{p+2}\mathrm{d}x.$$

两边取实部,可得

$$\frac{\mathrm{d}}{\mathrm{d}t}\|u\|^2 = \frac{-2\left(\frac{1}{U} - a\right)d_{\mathrm{i}}}{|d|^2}\|u\|^2 - \frac{cd_{\mathrm{i}}}{2m|d|^2}\|\nabla u\|^2 - \frac{2bd_{\mathrm{i}}}{|d|^2}\int |u|^{p+2}\mathrm{d}x.$$

注意到$\left(\frac{1}{U} - a\right) > 0, d_{\mathrm{i}} > 0, c > 0, b > 0, m > 0$,则有

$$\frac{\mathrm{d}}{\mathrm{d}t}\|u\|^2 \leqslant -\frac{2\left(\frac{1}{U} - a\right)d_{\mathrm{i}}}{|d|^2}\|u\|^2, \tag{3.1.7}$$

利用 Gronwall 不等式,可得

$$\|u\|^2 \leqslant \exp\left\{-\frac{2\left(\frac{1}{U} - a\right)d_{\mathrm{i}}t}{|d|^2}\right\}\|u_0\|^2. \tag{3.1.8}$$

接下来建立有关$\|u\|_{2p+2}^2$的先验估计.

在空间 $H^{1,2}(\Omega)$中,将方程(3.1.5)与$|u|^{2p}\bar{u}$ 做内积,可得

$$(u_t, |u|^{2p}\bar{u}) = -\frac{\mathrm{i}\left(\frac{1}{U} - a\right)}{d}(u, |u|^{2p}\bar{u}) + \frac{\mathrm{i}c}{4md}(\Delta u, |u|^{2p}\bar{u})$$
$$-\frac{\mathrm{i}b}{d}(|u|^p u, |u|^{2p}\bar{u}).$$

整理得

$$\int u_t \cdot |u|^{2p}\bar{u}\mathrm{d}x = -\frac{\mathrm{i}\left(\frac{1}{U} - a\right)}{d}\int u \cdot |u|^{2p}\bar{u}\mathrm{d}x + \frac{\mathrm{i}c}{4md}\int \Delta u \cdot 2p^{\bar{u}}\mathrm{d}x$$
$$-\frac{\mathrm{i}b}{d}\int |u|^p u \cdot |u|^{2p}\bar{u}\mathrm{d}x$$

$$= -\frac{\mathrm{i}\left(\frac{1}{U}-a\right)(d_r - \mathrm{i}d_i)}{|d|^2}\int u\cdot |u|^{2p}\bar{u}\mathrm{d}x$$

$$+\frac{\mathrm{i}c(d_r-\mathrm{i}d_i)}{4m|d|^2}\int \Delta u\cdot |u|^{2p}\bar{u}\mathrm{d}x - \frac{\mathrm{i}b(d_r-\mathrm{i}d_i)}{|d|^2}\int |u|^p u\cdot |u|^{2p}\bar{u}\mathrm{d}x.$$

对前式两边分别取实部，得

$$\frac{1}{2(p+1)}\frac{\mathrm{d}}{\mathrm{d}t}\int |u|^{2p+2}\mathrm{d}x$$

$$= -\frac{\left(\frac{1}{U}-a\right)d_i}{|d|^2}\int |u|^{2p+2}\mathrm{d}x + \frac{cd_i}{4m|d|^2}\mathrm{Re}\left[\int \Delta u\cdot |u|^{2p}\bar{u}\mathrm{d}x\right]$$

$$-\frac{cd_r}{4m|d|^2}\mathrm{Im}\left[\int \Delta u\cdot |u|^{2p}\bar{u}\mathrm{d}x\right] - \frac{bd_i}{|d|^2}\int |u|^{3p+2}\mathrm{d}x.$$

注意到 $\frac{bd_i}{|d|^2}\geqslant 0$，则有

$$\frac{1}{2(p+1)}\frac{\mathrm{d}}{\mathrm{d}t}\int |u|^{2p+2}\mathrm{d}x$$

$$\leqslant -\frac{\left(\frac{1}{U}-a\right)d_i}{|d|^2}\int |u|^{2p+2}\mathrm{d}x + \frac{cd_i}{4m|d|^2}\mathrm{Re}\left[\int \Delta u\cdot |u|^{2p}\bar{u}\mathrm{d}x\right]$$

$$-\frac{cd_r}{4m|d|^2}\mathrm{Im}\left[\int \Delta u\cdot |u|^{2p}\bar{u}\mathrm{d}x\right]. \tag{3.1.9}$$

由引理2.1.3可得

$$\mathrm{Re}\left[\int |u|^p u\cdot(-\Delta\bar{u})\mathrm{d}x\right]\geqslant 0. \tag{3.1.10}$$

因此，当 $d_i\geqslant\frac{p|d_r|}{\sqrt{2p+1}}$ 时，有

$$\frac{cd_i}{4m|d|^2}\mathrm{Re}\left[\int \Delta u\cdot |u|^{2p}\bar{u}\mathrm{d}x\right] - \frac{cd_r}{4m|d|^2}\mathrm{Im}\left[\int \Delta u\cdot |u|^{2p}\bar{u}\mathrm{d}x\right]$$

$$\leqslant \frac{cd_i}{4m|d|^2}\mathrm{Re}\left[\int \Delta u\cdot |u|^{2p}\bar{u}\mathrm{d}x\right] + \frac{cd_r}{4m|d|^2}\left|\mathrm{Im}\left[\int \Delta u\cdot |u|^{2p}\bar{u}\mathrm{d}x\right]\right|$$

$$\leqslant \frac{cd_i}{4m|d|^2}\mathrm{Re}\left[\int \Delta u\cdot |u|^{2p}\bar{u}\mathrm{d}x\right] - \frac{pc|d_r|}{4m\sqrt{2p+1}|d|^2}\left|\mathrm{Re}\left[\int \Delta u\cdot |u|^{2p}\bar{u}\mathrm{d}x\right]\right|$$

$$\leqslant \left[\frac{c}{4m|d|^2}\left(d_i - \frac{p|d_r|}{\sqrt{2p+1}}\right)\right]\mathrm{Re}\left[\int \Delta u\cdot |u|^{2p}\bar{u}\mathrm{d}x\right]$$

$$= \left[\frac{c}{4m\,|d|^2}\left(\frac{p\,|d_r|}{\sqrt{2p+1}} - d_i\right)\right]\mathrm{Re}\left[\int -\Delta u \cdot |u|^{2p}\bar{u}\mathrm{d}x\right]$$

$$\leqslant 0,$$

代入式(3.1.9),可得

$$\frac{\mathrm{d}}{\mathrm{d}t}\int |u|^{2p+2}\mathrm{d}x \leqslant -\frac{2\left(\frac{1}{U} - a\right)d_i(p+1)}{|d|^2}\int |u|^{2p+2}\mathrm{d}x.$$

令

$$C_1 = -\frac{2\left(\frac{1}{U} - a\right)d_i(p+1)}{|d|^2}$$

注意到 $C_1 \leqslant 0$,由 Gronwall 不等式可得

$$\int |u|^{2p+2}\mathrm{d}x \leqslant \mathrm{e}^{C_1 t}\int |u_0|^{2p+2}\mathrm{d}x. \tag{3.1.11}$$

为了估计$\|\varphi\|_2^2$,还需对式(3.1.6)与 $\bar{\varphi}$ 做内积,可得

$$(\varphi_t, \bar{\varphi}) = -\mathrm{i}(2\nu - 2\mu)(\varphi, \bar{\varphi}) + \frac{\mathrm{i}}{4m}(\Delta\varphi, \bar{\varphi}).$$

分部积分,得

$$\int \varphi_t \cdot \bar{\varphi}\mathrm{d}x = -\mathrm{i}(2\nu - 2\mu)\int |\varphi|^2\mathrm{d}x - \frac{\mathrm{i}}{4m}\int |\nabla\varphi|^2\mathrm{d}x.$$

两边取实部,得

$$\frac{1}{2}\frac{\mathrm{d}}{\mathrm{d}t}\|\varphi\|^2 = 0.$$

两边分别关于时间变量 t 积分,可得

$$\|\varphi\|^2 \leqslant \|\varphi_0\|^2. \tag{3.1.12}$$

结合式(3.1.8)和式(3.1.12),可得

$$\|u\|^2 + \|\varphi\|^2 \leqslant \exp\left\{-\frac{2\left(\frac{1}{U} - a\right)d_i t}{|d|^2}\right\}\|u_0\|^2 + \|\varphi_0\|^2.$$

显然,

$$\lim_{t\to+\infty}(\|u\|^2 + \|\varphi\|^2) \leqslant \|\varphi_0\|^2 = E_1.$$

这里 E_1 是不依赖于时间变量 t 的常数.

定理 3.1.3 假设 $u(x,t)$,$\varphi(x,t)$是初边值问题(3.1.1)~(3.1.4)的弱解,

$c>0,p>0,a>0,b>0,m>0,U>0$，且$\frac{1}{U}-a\geqslant 0$，且 $d_i\geqslant\frac{p|d_r|}{\sqrt{2p+1}}$，则存在常数

$C_2=-\frac{2\left(\frac{1}{U}-a\right)d_i}{|d|^2}-\frac{cd_i}{2m|d|^2\lambda}\leqslant 0$（其中 λ 是 Poincaré 的系数）使得下列不等式成立：

$$\|\nabla u\|^2\leqslant e^{C_2 t}\|\nabla u_0\|^2,$$
$$\|\nabla\varphi\|^2\leqslant\|\nabla\varphi_0\|^2,$$
$$\lim_{t\to+\infty}(\|\nabla u\|^2+\|\nabla\varphi\|^2)\leqslant\|\nabla\varphi_0\|^2=E_2.$$

这里 E_2 是不依赖于时间变量 t 的常数.

证明　在空间 $H^{1,2}(\Omega)$ 中，将用 $\Delta\bar{u}$ 与方程(3.1.5)做内积，可得

$$(u_t,\Delta\bar{u})=\frac{-i\left(\frac{1}{U}-a\right)}{d}(u,\Delta\bar{u})+\frac{ic}{4md}(\Delta u,\Delta\bar{u})-\frac{ib}{d}(|u|^p u,\Delta\bar{u}).$$

分部积分，得

$$\int\nabla u_t\cdot\nabla\bar{u}dx=-\frac{i\left(\frac{1}{U}-a\right)(d_r-id_i)}{|d|^2}\int|\nabla u|^2dx-\frac{ic(d_r-id_i)}{4m|d|^2}\int|\Delta u|^2dx.$$
$$+\frac{ib(d_r-id_i)}{|d|^2}\int|u|^p u\cdot\Delta\bar{u}dx.$$

两边取实部，可得

$$\frac{1}{2}\frac{d}{dt}\|\nabla u\|^2=-\frac{\left(\frac{1}{U}-a\right)d_i}{|d|^2}\|\nabla u\|^2-\frac{cd_i}{4m|d|^2}\|\Delta u\|^2$$
$$+\frac{bd_i}{|d|^2}\mathrm{Re}\left[\int|u|^p u\cdot\Delta\bar{u}dx\right]-\frac{bd_r}{|d|^2}\mathrm{Im}\left[\int|u|^p u\cdot\Delta\bar{u}dx\right].\tag{3.1.13}$$

利用 Poincaré 不等式，

$$\|\Delta u\|^2\geqslant\frac{1}{\lambda}\|\nabla u\|^2.$$

因此，

$$\frac{1}{2}\frac{d}{dt}\|\nabla u\|^2\leqslant\left(-\frac{\left(\frac{1}{U}-a\right)d_i}{|d|^2}-\frac{cd_i}{4m|d|^2\lambda}\right)\|\nabla u\|^2+\frac{bd_i}{|d|^2}\mathrm{Re}\left[\int|u|^p u\cdot\Delta\bar{u}dx\right]$$

$$-\frac{bd_{\mathrm{r}}}{|d|^2}\mathrm{Im}\left[\int |u|^p u\cdot\Delta\bar{u}\mathrm{d}x\right]. \tag{3.1.14}$$

注意到 $d_{\mathrm{i}}\geqslant\frac{p|d_{\mathrm{r}}|}{\sqrt{2p+1}}$,结合引理 2.1.3 以及估计式(3.1.10),可得

$$\begin{aligned}
&\frac{bd_{\mathrm{i}}}{|d|^2}\mathrm{Re}\left[\int |u|^p u\cdot\Delta\bar{u}\mathrm{d}x\right]-\frac{bd_{\mathrm{r}}}{|d|^2}\mathrm{Im}\left[\int |u|^p u\cdot\Delta\bar{u}\mathrm{d}x\right]\\
&\leqslant\frac{bd_{\mathrm{i}}}{|d|^2}\mathrm{Re}\left[\int |u|^p u\cdot\Delta\bar{u}\mathrm{d}x\right]+\frac{b|d_{\mathrm{r}}|}{|d|^2}\mathrm{Im}\left|\left[\int |u|^p u\cdot\Delta\bar{u}\mathrm{d}x\right]\right|\\
&\leqslant\frac{bd_{\mathrm{i}}}{|d|^2}\mathrm{Re}\left[\int |u|^p u\cdot\Delta\bar{u}\mathrm{d}x\right]-\frac{b|d_{\mathrm{r}}|}{|d|^2}\cdot\frac{p}{2\sqrt{p+1}}\mathrm{Re}\left[\int |u|^p u\cdot\Delta\bar{u}\mathrm{d}x\right]\\
&=\frac{b}{|d|^2}\left(d_{\mathrm{i}}-\frac{p|d_{\mathrm{r}}|}{2\sqrt{p+1}}\right)\mathrm{Re}\left[\int |u|^p u\cdot\Delta\bar{u}\mathrm{d}x\right]\\
&=\frac{b}{|d|^2}\left(\frac{p|d_{\mathrm{r}}|}{2\sqrt{p+1}}-d_{\mathrm{i}}\right)\mathrm{Re}\left[\int |u|^p u\cdot(-\Delta\bar{u})\mathrm{d}x\right]\\
&\leqslant\frac{b}{|d|^2}\left(\frac{p|d_{\mathrm{r}}|}{\sqrt{2p+1}}-d_{\mathrm{i}}\right)\mathrm{Re}\left[\int |u|^p u\cdot(-\Delta\bar{u})\mathrm{d}x\right]\\
&\leqslant 0.
\end{aligned}$$

代入式(3.1.14),则有

$$\frac{\mathrm{d}}{\mathrm{d}t}\|\nabla u\|^2\leqslant\left(-\frac{2\left(\frac{1}{U}-a\right)d_{\mathrm{i}}}{|d|^2}-\frac{cd_{\mathrm{i}}}{2m|d|^2\lambda}\right)\|\nabla u\|^2.$$

注意到 $\frac{1}{U}-a\geqslant0, d_{\mathrm{i}}>0, c>0, m>0$,由 Gronwall 不等式,得

$$\|\nabla u\|^2\leqslant\mathrm{e}^{C_2 t}\|\nabla u_0\|^2 \tag{3.1.15}$$

这里常数 $C_2=-\frac{2\left(\frac{1}{U}-a\right)d_{\mathrm{i}}}{|d|^2}-\frac{cd_{\mathrm{i}}}{2m|d|^2\lambda}\leqslant0$.

接下来,继续对方程(3.1.6)和$\nabla^2\bar{\varphi}$ 做内积,可得

$$(\varphi_t,\Delta\bar{\varphi})=-\mathrm{i}(2\nu-2\mu)(\varphi,\Delta\bar{\varphi})+\frac{\mathrm{i}}{4m}(\Delta\varphi,\Delta\bar{\varphi}).$$

分部积分,得

$$\int\varphi_t\cdot\Delta\bar{\varphi}\mathrm{d}x=\mathrm{i}(2\nu-2\mu)\int|\nabla\varphi|^2\mathrm{d}x+\frac{\mathrm{i}}{4m}\int|\Delta\varphi|^2\mathrm{d}x.$$

两边取实部,得

$$\frac{\mathrm{d}}{\mathrm{d}t}\|\nabla\varphi\|^2 = 0.$$

由 Gronwall 不等式可得

$$\|\nabla\varphi\|^2 \leqslant \|\nabla\varphi_0\|^2. \tag{3.1.16}$$

结合式(3.1.15)和式(3.1.16),可得

$$\|\nabla u\|^2 + \|\nabla\varphi\|^2 \leqslant \mathrm{e}^{C_2 t}\|\nabla u_0\|^2 + \|\nabla\varphi_0\|^2.$$

这意味着

$$\lim_{t\to\infty}(\|\nabla u\|^2 + \|\nabla\varphi\|^2) \leqslant \|\nabla\varphi_0\|^2 = E_2.$$

其中 E_2 为不依赖于时间变量 t 的常数.

定理 3.1.4　在定理 3.1.2 和定理 3.1.3 的条件下,且 $pn<6$,则初边值问题(3.1.1)～(3.1.4)的弱解 u 和 φ 满足

$$\|\Delta u\|^2 \leqslant C_3,$$

$$\|\Delta\varphi\|^2 \leqslant \|\Delta\varphi_0\|^2.$$

这里 C_3 是不依赖于时间变量 t 的常数.

证明　在式(3.1.5)的两边同时乘以 $\nabla^4\bar{u}$,积分得

$$\int u_t\cdot\nabla^4\bar{u}\mathrm{d}x = \frac{-\mathrm{i}\left(\frac{1}{U}-a\right)}{d}\int u\cdot\nabla^4\bar{u}\mathrm{d}x + \frac{\mathrm{i}c}{4m}\int\Delta u\cdot\nabla^4\bar{u}\mathrm{d}x - \frac{\mathrm{i}b}{d}\int|u|^p u\cdot\nabla^4\bar{u}\mathrm{d}x.$$

分部积分,且两边同时取实部,得

$$\frac{1}{2}\frac{\mathrm{d}}{\mathrm{d}t}\|\Delta u\|_2^2 = -\frac{\left(\frac{1}{U}-a\right)d_{\mathrm{i}}}{|d|^2}\|\Delta u\|_2^2 - \frac{cd_{\mathrm{i}}}{4m|d|^2}\|\nabla^3 u\|_2^2 + \mathrm{Re}\left[\frac{\mathrm{i}b}{d}\int\nabla^3(|u|^p u)\cdot\nabla\bar{u}\mathrm{d}x\right]. \tag{3.1.17}$$

结合引理 2.2.1、Hölder 不等式和 Young 不等式,

$$\begin{aligned}&\mathrm{Re}\left[\frac{\mathrm{i}b}{d}\int\nabla^3(|u|^p u)\cdot\nabla\bar{u}\mathrm{d}x\right]\\ &\leqslant\frac{b}{|d|}\left(\int|\nabla^3(|u|^p u)|^2\mathrm{d}x\right)^{\frac{1}{2}}\left(\int|\nabla u|^2\mathrm{d}x\right)^{\frac{1}{2}}\\ &\leqslant\frac{b}{|d|}C(n,p)\|u\|_{3,2}^{\tau}\cdot\|u\|_2^{p+1-\tau}\|\nabla u\|_2\end{aligned}$$

$$\leqslant \varepsilon \| u \|_{3,2}^2 + C(\varepsilon)\left(\frac{b}{|d|}C(n,p)\| u \|_2^{p+1-\tau}\|\nabla u\|_2\right)^{\frac{2}{2-\tau}},$$

这里 $\tau = \dfrac{6+pn}{6} < 2$.

令 $\varepsilon = \dfrac{cd_{\mathrm{i}}}{4m\ |d|^2}$,且由定理 3.1.2、3.1.3 中关于 $\| u \|^2$ 和 $\|\nabla u\|^2$ 的估计,代入式(3.1.17),得

$$\frac{\mathrm{d}}{\mathrm{d}t}\|\Delta u\|_2^2 \leqslant -\frac{2\left(\frac{1}{U}-a\right)d_{\mathrm{i}}}{|d|^2}\|\Delta u\|_2^2 + C(\varepsilon)(\| u_0\|_2^2 + \|\nabla u_0\|_2^2).$$

利用 Gronwall 不等式,则有

$$\|\Delta u\|_2^2 \leqslant \mathrm{e}^{-\frac{2\left(\frac{1}{U}-a\right)d_{\mathrm{i}}}{|d|^2}t}\|\Delta u_0\|_2^2 + C(\|\nabla u_0\|_2^2 + \|\nabla \varphi_0\|_2^2) \quad (t \in [0, +\infty)).$$

这意味着

$$\|\Delta u\|^2 \leqslant C_3, \tag{3.1.18}$$

其中 C_3 是不依赖于时间变量 t 的常数.

接下来继续估计$\|\Delta\varphi\|^2$.将方程(3.1.6)与$\nabla^4\bar{\varphi}$ 做内积,得

$$(\varphi_t, \nabla^4\bar{\varphi}) = -\mathrm{i}(2\nu - 2\mu)(\varphi, \nabla^4\bar{\varphi}) + \frac{\mathrm{i}}{4m}(\Delta\varphi, \nabla^4\bar{\varphi}).$$

分部积分,得

$$\int \Delta\varphi_t \cdot \Delta\bar{\varphi}\mathrm{d}t = -\mathrm{i}(2\nu - 2\varphi)\int |\Delta\varphi|\mathrm{d}x - \frac{\mathrm{i}}{4m}\int |\nabla^3\varphi|\mathrm{d}x.$$

两边取实部,得

$$\frac{1}{2}\frac{\mathrm{d}}{\mathrm{d}t}\|\Delta\varphi\|^2 = 0.$$

利用 Gronwall 不等式,可得

$$\|\Delta\varphi\|^2 \leqslant \|\Delta\varphi_0\|^2. \tag{3.1.19}$$

定理 3.1.5 在定理 3.1.2～3.1.4 的条件下,初边值问题(3.1.1)～(3.1.4)的弱解满足

$$u_t \in L^\infty([0,\infty), L^2(\Omega)), \quad \varphi_t \in L^\infty([0,\infty), L^2(\Omega)).$$

证明 将式(3.1.5)与$\bar{u}_t$做内积,可得

$$(u_t, \bar{u}_t) = -\frac{\mathrm{i}\left(\frac{1}{U}-a\right)}{d}(u, \bar{u}_t) + \frac{\mathrm{i}c}{4md}(\Delta u, \bar{u}_t) - \frac{\mathrm{i}b}{d}(|u|^p u, \bar{u}_t).$$

即有

$$\int u_t \cdot \bar{u}_t \mathrm{d}x = -\frac{\mathrm{i}\left(\frac{1}{U}-a\right)}{d}\int u \cdot \bar{u}_t \mathrm{d}x + \frac{\mathrm{i}c}{4md}\int \Delta u \cdot \bar{u}_t \mathrm{d}x - \frac{\mathrm{i}b}{d}\int |u|^p u \cdot \bar{u}_t \mathrm{d}x.$$

两边取实部,由 Young 不等式得

$$\begin{aligned}
\|u_t\|^2 &= \mathrm{Re}\left[-\frac{\mathrm{i}\left(\frac{1}{U}-a\right)}{d}\int u \cdot \bar{u}_t \mathrm{d}x\right] + \mathrm{Re}\left[\frac{\mathrm{i}c}{4md}\int \Delta u \cdot \bar{u}_t \mathrm{d}x\right] \\
&\quad + \mathrm{Re}\left[-\frac{\mathrm{i}b}{d}\int |u|^p u \cdot \bar{u}_t \mathrm{d}x\right] \\
&\leqslant \frac{\left(\frac{1}{U}-a\right)}{|d|}\int |u| \cdot |u_t| \mathrm{d}x + \frac{c}{4m|d|}\int |\Delta u| \cdot |u_t| \mathrm{d}x \\
&\quad + \frac{b}{|d|}\int |u|^{p+1} \cdot |u_t| \mathrm{d}x \\
&\leqslant \frac{3\varepsilon}{2}\|u_t\|^2 + \frac{\left(\frac{1}{U}-a\right)^2}{2\varepsilon\,|d|^2}\|u\|_2^2 + \frac{c^2}{32m^2\,|d|^2\varepsilon}\|\Delta u\|_2^2 + \frac{b^2}{2\varepsilon\,|d|^2}\|u\|_{2p+2}^2.
\end{aligned}$$

利用定理3.1.2~3.1.4的结果,整理得

$$\begin{aligned}
\left(1-\frac{3\varepsilon}{2}\right)\|u_t\|^2 &\leqslant \frac{\left(\frac{1}{U}-a\right)^2}{2\varepsilon\,|d|^2}\|u\|_2^2 + \frac{c^2}{32m^2\,|d|^2\varepsilon}\|\Delta u\|_2^2 + \frac{b^2}{2\varepsilon\,|d|^2}\|u\|_{2p+2}^2 \\
&\leqslant \frac{\left(\frac{1}{U}-a\right)^2}{2\varepsilon\,|d|^2}\mathrm{e}^{-\frac{2\left(\frac{1}{U}-a\right)d_{\mathrm{i}}t}{|d|^2}}\|u_0\|_2^2 + \frac{c^2}{32m^2\,|d|^2\varepsilon}C_3 \\
&\quad + \frac{b^2}{2\varepsilon\,|d|^2}\mathrm{e}^{C_1 t}\|u_0\|_{2p+2}^2,
\end{aligned}$$

注意到常数 $C_1<0$,则选取 $\varepsilon<\frac{2}{3}$,代入上式可得

$$\|u_t\|^2 \leqslant C_4,$$

其中 C_4 是不依赖于时间变量 t 的常数.即有

$$u_t \in L^\infty([0, +\infty), L^2(\Omega)).$$

最后,我们估计 $\|\varphi_t\|^2$,为此,将式(3.1.6)与 $\bar{\varphi}_t$ 做内积,可得

$$\int |\varphi_t|^2 \mathrm{d}x = -\mathrm{i}(2\nu - 2\mu)\int \varphi \cdot \bar{\varphi}_t \mathrm{d}x + \frac{\mathrm{i}}{4m}\int \Delta\varphi \cdot \bar{\varphi}_t \mathrm{d}x.$$

分部积分且两边取实部,得

$$\begin{aligned}\|\varphi_t\|^2 &= (2\nu-2\mu)\mathrm{Im}\left[\int\varphi\cdot\bar{\varphi}_t\mathrm{d}x\right]-\frac{1}{4m}\mathrm{Im}\left[\int\Delta\varphi\cdot\bar{\varphi}_t\mathrm{d}x\right]\\ &\leqslant|2\nu-2\mu|\int|\varphi|\cdot|\varphi_t|\mathrm{d}x+\frac{1}{4m}\int|\Delta\varphi|\cdot|\varphi_t|\mathrm{d}x.\end{aligned}$$

结合 Young 不等式及定理 3.1.2 和定理 3.1.3 的估计，得

$$\begin{aligned}\|\varphi_t\|^2 &\leqslant \varepsilon\|\varphi_t\|^2+\frac{1}{2\varepsilon}(2\nu-2\mu)^2\|\varphi\|^2+\frac{1}{32m^2\varepsilon}\|\Delta\varphi\|^2\\ &\leqslant \varepsilon\|\varphi_t\|^2+\frac{1}{2\varepsilon}(2\nu-2\mu)^2\|\varphi_0\|^2+\frac{1}{32m^2\varepsilon}\|\Delta\varphi_0\|^2.\end{aligned}$$

选取 $\varepsilon<1$，可得

$$\|\varphi_t\|^2\leqslant C_5,$$

其中 C_5 是不依赖于时间变量 t 的常数. 即有

$$\varphi_t\in L^\infty([0,+\infty),L^2(\Omega)).$$

3.1.3　主要结果的证明

定理 3.1.1 的证明　为了证明初边值问题(3.1.1)～(3.1.4)存在整体吸引子，我们只需逐条验证满足引理 2.1.1 的条件即可. 由定理 3.1.2～3.1.4 的结果可以发现存在由初边值问题(3.1.1)～(3.1.4)的弱解生成的半群算子，

$$S(t):E\to E,\quad S_t u(x,t)=u(x,t),$$

其中所选取的 Banach 空间为 $E=H^{1,2}(\Omega)\times H^{1,2}(\Omega)$. 由定理 3.1.2～3.1.5 的结果可见，算子 $S_t(u,\varphi)=(u,\varphi)$ 满足 $S_t\cdot S_\tau=S_{t+\tau}$，$S_0=I$.

因此，我们仅需要依次证明引理 2.1.1 的三个条件成立即可.

利用定理 3.1.2～3.1.4 的结果，可以有以 R 为半径的球 $B_R\subset E$，存在 $B\subset B_R$，这里 $\|(u,\varphi)\|_E\leqslant R$. 于是，有

$$\|u\|^2\leqslant\exp\left\{-\frac{2\left(\frac{1}{U}-a\right)d_{\mathrm{i}}t}{|d|^2}\right\}\|u_0\|^2,\quad \|\varphi\|^2\leqslant\|\varphi_0\|^2,$$

$$\|\nabla u\|^2\leqslant \mathrm{e}^{C_2t}\|\nabla u_0\|,\quad \|\nabla\varphi\|^2\leqslant\|\nabla\varphi_0\|^2,$$

$$\lim_{t\to+\infty}(\|u\|^2+\|\varphi\|^2)\leqslant\|\varphi_0\|^2,$$

$$\lim_{t\to+\infty}(\|\nabla u\|^2+\|\nabla\varphi\|^2)\leqslant\|\nabla\varphi_0\|^2.$$

其中

$$C_2 = -\frac{2\left(\frac{1}{U} - a\right)d_{\mathrm{i}}}{|d|^2} - \frac{cd_{\mathrm{i}}}{2m\,|d|^2\lambda} \leqslant 0.$$

因此，由半群 S_t 的定义，可以发现

$$\begin{aligned}\|S_t(u(x,t),\varphi(x,t))\|_E^2 &= (\|u(\cdot,t)\|_{H^{1,2}}^2, \|\varphi(\cdot,t)\|_{H^{1,2}}^2)\\ &\leqslant \left(\exp\left\{-\frac{2\left(\frac{1}{U} - a\right)d_{\mathrm{i}}t}{|d|^2}\right\}\|u_0\|^2\right.\\ &\quad \left. + \|\varphi_0\|^2, \mathrm{e}^{C_2 t}\|\nabla u_0\|^2 + \|\nabla\varphi_0\|^2\right)\\ &\leqslant C_6 R^2.\end{aligned}$$

这意味着 S_t 在 E 中一致有界. 引理 2.1.6 的第一个条件成立.

对任意半径为 $\max\{\|u_0\|^2 + \|\nabla u_0\|^2, \|\varphi_0\|^2 + \|\nabla\varphi_0\|^2\}$ 的有界集合 $B = B_R(x_0, t_0)$，存在 $B_0 \subset B_R \subset E$，则由定理 3.1.2～3.1.5 可以推出

$$\begin{aligned}&\|S_t(u(x,t_0),\varphi(x,t_0))\|_E^2\\ &\quad = (\|u(\cdot,t_0)\|_{H^{1,2}}^2, \|\varphi(\cdot,t_0)\|_{H^{1,2}}^2)\\ &\quad \leqslant \max\{\|u_0\|^2 + \|\nabla u_0\|^2, \|\varphi_0\|^2 + \|\nabla\varphi_0\|^2\} \quad (\forall\, t \geqslant t_0).\end{aligned}$$

注意到 $-\frac{2\left(\frac{1}{U} - a\right)d_{\mathrm{i}}}{|d|^2} \leqslant 0$，$C_2 \leqslant 0$，且 $t \geqslant 0$，因此，对任何 $t \geqslant T$ 成立，有 $S_t B \subset B_0$.

引理 2.1.1 的第二个条件即证.

最后，令

$$A = \{(u,\varphi) \in E, \|(u,\varphi)\|_E \leqslant R\},$$

则由定理 3.1.2～3.1.5，可以推出当 $t > 0$ 时，

$$\lim_{t\to+\infty}(\|u\|^2 + \|\varphi\|^2) \leqslant \|\varphi_0\|^2 = E_1,$$

$$\lim_{t\to+\infty}(\|\nabla u\|^2 + \|\nabla\varphi\|^2) \leqslant \|\nabla\varphi_0\|^2 = E_2,$$

$$u_t \in L^\infty([0,\infty), L^2(\Omega)), \quad \varphi_t \in L^\infty([0,\infty), L^2(\Omega)).$$

即证，S_t 是全连续算子，满足引理 2.1.1 的第三个条件.

于是，根据引理 2.1.1，可知初边值问题(3.1.1)～(3.1.4)存在一个紧的整体吸引子 $A = \bigcap_{t\geqslant 0}\overline{\bigcup_{t\geqslant\tau} S_t A}$.

3.2 具外力作用下的金兹堡-朗道方程和GP方程

3.2.1 外力作用下的耦合方程组及主要结果

这里着重介绍 BCS - BEC 跨越模型在有外力作用时，所得到的依赖于时间 t 的金兹堡-朗道方程和线性 GP 方程耦合的方程组整体吸引子的存在性.

$$-\mathrm{i}d\frac{\partial u(x,t)}{\partial t}=-\left(\frac{1}{U}-a\right)u(x,t)+\frac{c}{4m}\nabla^2u(x,t)-b|u(x,t)|^2u(x,t)-\mathrm{i}df(x,t), \tag{3.2.1}$$

$$\mathrm{i}\frac{\partial\varphi_B(x,t)}{\partial t}=(2\nu-2\mu)\varphi_B(x,t)-\frac{1}{4m}\nabla^2\varphi_B(x,t), \tag{3.2.2}$$

$$u(x,0)=u_0(x),\quad \varphi_B(x,0)=\varphi_{B_0}(x)\quad (x\in\Omega) \tag{3.2.3}$$

$$u(x,t)=0,\quad \varphi_B(x,t)=0\quad ((t,x)\in[0,\infty)\times\partial\Omega) \tag{3.2.4}$$

其中 Ω 是 $\mathbf{R}^n$ 中的有界区域，$t\geqslant0$，耦合系数 a,b,c,m 是实数，μ 代表化学势，2ν 表示 Feshbach 共振的初始能量，d 通常是复数，令 $d=d_r+\mathrm{i}d_i$，$|d|^2=d_r^2+d_i^2$，外力项 $f(x,t)$ 是实值函数，且关于 t 是一致有界的.

近几十年来，科学家们对金兹堡-朗道理论及整体吸引子的研究取得了长足的进步. Machida 和 Koyama[25] 研究了 BCS - BEC 跨越附近原子费米子气体的具有时间依赖性的金兹堡-朗道方程，证明了除 BEC 限制外，具有时间依赖性的金兹堡-朗道方程的 GL 系数是复数；S. H. Chen, B. L. Guo[40] 建立了 BCS - BEC 跨越附近原子费米子气体的金兹堡-朗道理论的古典解. Sá de Melo, C. M. Randeria, J. Engelbrecht[49] 发现了 T_c 附近具有时间依赖性的金兹堡-朗道方程，表明它可以描述 BCS 限制下的阻尼状态和玻色子限制下的传播状态；A. M. Schakel[51] 利用导数展开法从微观 BCS 模型中推导出具有时间依赖性的金兹堡-朗道理论；J. N. Milstein, S. J. J. M. F. Kokkelmans, M. J. Holland[52] 建立了一个模型去描述在费什巴赫共振条件下稀释费米子气体强耦合 BEC 与弱耦合 BCS 之间的跨越；

M. Drechsler, W. Zwerger[53] 推导出金兹堡-朗道理论去描述 BCS 超导性与玻色凝聚的跨越；K. Huang, Z. Q. Yu, L. Yin[54] 运用路径积分的方法证明了 BCS - BEC 跨越中受困费米子气体的金兹堡-朗道理论，并研究了在弱相互作用 BEC 限制下，零度和有限温度中的金兹堡-朗道方程；J. M. Ghidaglia 和 B. Héron[55]，K. Promislow[56] 在一维和二维空间研究了带立方非线性项的金兹堡-朗道方程的有限维整体吸引子；郭柏灵[57]研究了广义 Kuramoto-Sivashinsky 型方程周期初值问题的整体吸引子；郭柏灵、黄海洋、蒋慕蓉[58]证明了一般金兹堡-朗道方程整体吸引子的存在性.

这里主要介绍在有外力作用下，对 BCS - BEC 跨越的金兹堡-朗道方程和线性 GP 方程耦合的方程组的整体吸引子问题所进行的探讨，并得到了如下结果.

定理 3.2.1　若 $u(x,t)$ 和 $\varphi_B(x,t)$ 是初边值问题(3.2.1)～(3.2.4)的整体弱解，$b>0, d_i>0, m>0, c>0, \frac{1}{U}-a>0, |d_r|\leqslant\sqrt{3}d_i, f(x,t)\in L^2((0,+\infty), L^2(\Omega))$，则初边值问题(3.2.1)～(3.2.4)几乎处处存在整体吸引子 A，并且 A 满足如下条件：

(1) $S_tA=A(\forall t\in\mathbf{R}^+)$；

(2) 对于任意的有界集 $B\subset H^{1,2}(\Omega)$，有

$$\lim_{t\to\infty}(S_tB,A)=0,$$

$$\operatorname{dist}(S_tB,A)=\sup_{x\in B}\inf_{y\in A}\|S_tx-y\|_E.$$

其中 S_t 是由初边值问题(3.2.1)～(3.2.4)的弱解生成的半群算子，且吸引子为

$$A=\bigcap_{\tau\geqslant0}\overline{\bigcup_{t\geqslant\tau}S_tA}.$$

3.2.2　基本引理和先验估计

这里主要介绍在证明吸引子的存在性时所需要的一些基本引理和先验估计.

引理 3.2.1(Gronwall 不等式[47])　设 $y(t)$ 是非负连续可微函数，若对于正常数 γ，在 $t\in[0,T]$ 上满足

$$y'(t)+\gamma y(t)\leqslant\beta(t),$$

则有

$$y(t)\leqslant y(0)\mathrm{e}^{-\gamma t}+\int_0^t\beta(s)\mathrm{e}^{-\gamma(t-s)}\mathrm{d}s.$$

引理 3.2.2[48] 令$1<p<\infty$,若对于任意的$u\in C^2(\overline{\Omega})$满足

$$\int_{\partial\Omega}|u|^{p-2}\bar{u}\frac{\partial u}{\partial \boldsymbol{n}}\mathrm{d}S=0,$$

则有

$$|\mathrm{Im}\langle\nabla^2 u,|u|^{p-2}u\rangle|\leqslant\frac{p-2}{2\sqrt{p-1}}\mathrm{Re}\langle-\nabla^2 u,|u|^{p-2}u\rangle \tag{3.2.5}$$

成立.通常地,$\boldsymbol{n}$ 表示边界$\partial\Omega$ 的外法向量.

由式(3.2.5),可以推出

$$\mathrm{Re}[(1+\mathrm{i}r)\langle-\nabla^2 u,|u|^{p-2}u\rangle]\geqslant 0\quad\left(\forall|r|\leqslant\frac{2\sqrt{p-1}}{p-2}\right). \tag{3.2.6}$$

定理 3.2.2 令$u(x,t)$和$\varphi_B(x,t)$是初边值问题(3.2.1)~(3.2.4)的整体弱解,$a>0,b>0,d_\mathrm{i}>0,m>0,c>0,\frac{1}{U}-a>0,f(x,t)\in L^2((0,T),L^2(\Omega))$,那么存在满足下列不等式的半径$r_1^2(t),r_2^2(t),r_3^2$,使得

$$\|u(x,t)\|^2\leqslant r_1^2(t),\quad\int_0^t\|\nabla u(x,t)\|^2\mathrm{d}t\leqslant r_2^2(t),$$

$$\|\varphi_B(x,t)\|^2\leqslant r_3^2\quad(t\in[0,+\infty)).$$

其中

$$r_1^2(t)=\|u_0(x)\|^2\mathrm{e}^{-Nt}+\frac{2m|d|^2\lambda}{cd_\mathrm{i}}\int_0^t\|f(x,s)\|^2\mathrm{e}^{-N(t-s)}\mathrm{d}s,$$

$$r_2^2(t)=\frac{4m|d|^2}{cd_\mathrm{i}}\|u_0(x)\|^2+\frac{16m^2|d|^4\lambda_1}{c^2d_\mathrm{i}^2}\int_0^t\|f(x,t)\|^2\mathrm{d}t,$$

$$r_3^2=\|\varphi_{B_0}(x)\|^2,$$

$$N=\frac{2\left(\frac{1}{U}-a\right)d_\mathrm{i}}{|d|^2}>0.$$

证明 将方程(3.2.1)、(3.2.2)改写为

$$\frac{\partial u(x,t)}{\partial t}=\frac{-\mathrm{i}\left(\frac{1}{U}-a\right)}{d}u(x,t)+\frac{\mathrm{i}c}{4md}\nabla^2u(x,t)$$
$$-\frac{\mathrm{i}b}{d}|u(x,t)|^2u(x,t)+f(x,t), \tag{3.2.7}$$

$$\frac{\partial\varphi_B(x,t)}{\partial t}=-\mathrm{i}(2\nu-2\mu)\varphi_B(x,t)+\frac{\mathrm{i}}{4m}\nabla^2\varphi_B(x,t), \tag{3.2.8}$$

将方程(3.2.7)与 $\bar{u}(x,t)$ 做内积,并分部积分,得

$$\int \frac{\partial u(x,t)}{\partial t}\cdot \bar{u}(x,t)\mathrm{d}x = \frac{-\mathrm{i}\left(\frac{1}{U}-a\right)}{d}\int |u(x,t)|^2\mathrm{d}x - \frac{\mathrm{i}c}{4md}\int |\nabla u(x,t)|^2\mathrm{d}x$$
$$-\frac{\mathrm{i}b}{d}\int |u(x,t)|^4\mathrm{d}x + \int f(x,t)\cdot \bar{u}(x,t)\mathrm{d}x.$$

等式两边取实部,并令 $d=d_{\mathrm{r}}+\mathrm{i}d_{\mathrm{i}}$,有

$$\frac{\partial}{\partial t}\int |u(x,t)|^2\mathrm{d}x$$
$$=\frac{-2\left(\frac{1}{U}-a\right)d_{\mathrm{i}}}{|d|^2}\int |u(x,t)|^2\mathrm{d}x - \frac{cd_{\mathrm{i}}}{2m|d|^2}\int |\nabla u(x,t)|^2\mathrm{d}x$$
$$-\frac{2bd_{\mathrm{i}}}{|d|^2}\int |u(x,t)|^4\mathrm{d}x + 2\mathrm{Re}\left[\int f(x,t)\cdot \bar{u}(x,t)\mathrm{d}x\right].$$

注意到 $\frac{2bd_{\mathrm{i}}}{|d|^2}>0$,因此可得

$$\frac{\partial}{\partial t}\int |u(x,t)|^2\mathrm{d}x$$
$$\leqslant \frac{-2\left(\frac{1}{U}-a\right)d_{\mathrm{i}}}{|d|^2}\int |u(x,t)|^2\mathrm{d}x - \frac{cd_{\mathrm{i}}}{2m|d|^2}\int |\nabla u(x,t)|^2\mathrm{d}x$$
$$+2\left|\int f(x,t)\cdot \bar{u}(x,t)\mathrm{d}x\right|. \tag{3.2.9}$$

由 Poincaré 不等式可得

$$\int |u(x,t)|^2\mathrm{d}x \leqslant \lambda\int |\nabla u(x,t)|^2\mathrm{d}x,$$

其中 λ 是 Poincaré 系数.

从而可得

$$-\frac{cd_{\mathrm{i}}}{2m|d|^2}\int |\nabla u(x,t)|^2\mathrm{d}x \leqslant -\frac{cd_{\mathrm{i}}}{2m|d|^2\lambda}\int |u(x,t)|^2\mathrm{d}x. \tag{3.2.10}$$

又由带 ε 的 Young 不等式,可得

$$2\left|\int f(x,t)\bar{u}(x,t)\mathrm{d}x\right| \leqslant 2\cdot\frac{\varepsilon}{2}\int |u(x,t)|^2\mathrm{d}x + 2\cdot\frac{1}{2\varepsilon}\int |f(x,t)|^2\mathrm{d}x$$
$$=\varepsilon\int |u(x,t)|^2\mathrm{d}x + \frac{1}{\varepsilon}\int |f(x,t)|^2\mathrm{d}x. \tag{3.2.11}$$

结合式(3.2.10)和式(3.2.11),并取 $\varepsilon=\frac{cd_{\mathrm{i}}}{2m|d|^{2}\lambda}>0$,则有

$$\frac{\partial}{\partial t}\int|u(x,t)|^{2}\mathrm{d}x\leqslant\frac{-2\left(\frac{1}{U}-a\right)d_{\mathrm{i}}}{|d|^{2}}\int|u(x,t)|^{2}\mathrm{d}x+\frac{2m|d|^{2}\lambda}{cd_{\mathrm{i}}}\int|f(x,t)|^{2}\mathrm{d}x.$$

记 $N=\frac{2\left(\frac{1}{U}-a\right)d_{\mathrm{i}}}{|d|^{2}}>0$,由 Gronwall 不等式(引理 3.2.1),可得

$$\int|u(x,t)|^{2}\mathrm{d}x\leqslant\int|u_{0}(x)|^{2}\mathrm{d}x\mathrm{e}^{-Nt}+\frac{2m|d|^{2}\lambda}{cd_{\mathrm{i}}}\int_{0}^{t}\|f(x,s)\|^{2}\mathrm{e}^{-N(t-s)}\mathrm{d}s.$$

即有

$$\|u(x,t)\|^{2}\leqslant\|u_{0}(x)\|^{2}\mathrm{e}^{-Nt}+\frac{2m|d|^{2}\lambda}{cd_{\mathrm{i}}}\int_{0}^{t}\|f(x,s)\|^{2}\mathrm{e}^{-N(t-s)}\mathrm{d}s.$$

令

$$r_{1}^{2}(t)=\|u_{0}(x)\|^{2}\mathrm{e}^{-Nt}+\frac{2m|d|^{2}\lambda}{cd_{\mathrm{i}}}\int_{0}^{t}\|f(x,s)\|^{2}\mathrm{e}^{-N(t-s)}\mathrm{d}s,$$

从而可得

$$\|u(x,t)\|^{2}\leqslant r_{1}^{2}(t).$$

接下来进行关于 $\int_{0}^{t}\|\nabla u(x,t)\|^{2}\mathrm{d}t$ 的先验估计.

由于 $\frac{1}{U}-a>0,d_{\mathrm{i}}>0$,由不等式(3.2.9)还可得到估计

$$\frac{\partial}{\partial t}\int|u(x,t)|^{2}\mathrm{d}x\leqslant-\frac{cd_{\mathrm{i}}}{2m|d|^{2}}\int|\nabla u(x,t)|^{2}\mathrm{d}x+2\left|\int f(x,t)\cdot\bar{u}(x,t)\mathrm{d}x\right|.$$

对上式两边关于时间变量 t 积分,可得

$$\int|u(x,t)|^{2}\mathrm{d}x\leqslant\int|u_{0}(x)|^{2}\mathrm{d}x-\frac{cd_{\mathrm{i}}}{2m|d|^{2}}\int_{0}^{t}\int|\nabla u(x,t)|^{2}\mathrm{d}x\mathrm{d}t+2\int_{0}^{t}\int|f(x,t)||\bar{u}(x,t)|\mathrm{d}x\mathrm{d}t.\tag{3.2.12}$$

结合 Young 不等式、Poincaré 不等式以及边值条件(3.2.4),可得

$$2\int_{0}^{t}\int|f(x,t)||\bar{u}(x,t)|\mathrm{d}x\mathrm{d}t\leqslant2\cdot\frac{\varepsilon_{1}}{2}\int_{0}^{t}\int|u(x,t)|^{2}\mathrm{d}x\mathrm{d}t+2\cdot\frac{1}{2\varepsilon_{1}}\int_{0}^{t}\int|f(x,t)|^{2}\mathrm{d}x\mathrm{d}t$$

$$\leqslant \varepsilon_1\lambda_1\int_0^t\int|\nabla u(x,t)|^2\mathrm{d}x\mathrm{d}t+\frac{1}{\varepsilon_1}\int_0^t\int|f(x,t)|^2\mathrm{d}x\mathrm{d}t.$$

代入式(3.2.12)可得

$$\int|u(x,t)|^2\mathrm{d}x\leqslant\int|u_0(x)|^2\mathrm{d}x-\frac{cd_{\mathrm{i}}}{2m|d|^2}\int_0^t\int|\nabla u(x,t)|^2\mathrm{d}x\mathrm{d}t$$
$$+\frac{1}{\varepsilon_1}\int_0^t\int|f(x,t)|^2\mathrm{d}x\mathrm{d}t+\varepsilon_1\lambda_1\int_0^t\int|\nabla u(x,t)|^2\mathrm{d}x\mathrm{d}t.$$

整理得

$$\left(\frac{cd_{\mathrm{i}}}{2m|d|^2}-\varepsilon_1\lambda_1\right)\int_0^t\int|\nabla u(x,t)|^2\mathrm{d}x\mathrm{d}t$$
$$\leqslant\int|u_0(x)|^2\mathrm{d}x-\int|u(x,t)|^2\mathrm{d}x+\frac{1}{\varepsilon_1}\int_0^t\int|f(x,t)|^2\mathrm{d}x\mathrm{d}t.$$

由于

$$\int|u(x,t)|^2\mathrm{d}x>0,$$

因此可得

$$\left(\frac{cd_{\mathrm{i}}}{2m|d|^2}-\varepsilon_1\lambda_1\right)\int_0^t\int|\nabla u(x,t)|^2\mathrm{d}x\mathrm{d}t$$
$$\leqslant\int|u_0(x)|^2\mathrm{d}x+\frac{1}{\varepsilon_1}\int_0^t\int|f(x,t)|^2\mathrm{d}x\mathrm{d}t.$$

取 ε_1 充分小,使得 $\varepsilon_1\lambda_1=\frac{cd_{\mathrm{i}}}{4m|d|^2}$,即取 $\varepsilon_1=\frac{cd_{\mathrm{i}}}{4m|d|^2\lambda_1}$,则上式可化简为

$$\frac{cd_{\mathrm{i}}}{4m|d|^2}\int_0^t\int|\nabla u(x,t)|^2\mathrm{d}x\mathrm{d}t$$
$$\leqslant\int|u_0(x)|^2\mathrm{d}x+\frac{4m|d|^2\lambda_1}{cd_{\mathrm{i}}}\int_0^t\int|f(x,t)|^2\mathrm{d}x\mathrm{d}t.$$

注意到$\frac{cd_{\mathrm{i}}}{4m|d|^2}>0$,从而可得

$$\int_0^t\|\nabla u(x,t)\|^2\mathrm{d}t\leqslant\frac{4m|d|^2}{cd_{\mathrm{i}}}\|u_0(x)\|^2+\frac{16m^2|d|^4\lambda_1}{c^2d_{\mathrm{i}}^2}\int_0^t\|f(x,t)\|^2\mathrm{d}t.$$

令

$$r_2^2(t)=\frac{4m|d|^2}{cd_{\mathrm{i}}}\|u_0(x)\|^2+\frac{16m^2|d|^4\lambda_1}{c^2d_{\mathrm{i}}^2}\int_0^t\|f(x,t)\|^2\mathrm{d}t.$$

因此可得

$$\int_0^t \|\nabla u(x,t)\|^2 \mathrm{d}t \leqslant r_2^2(t).$$

接下来继续估计$\|\varphi_B(x,t)\|^2$.

将方程(3.2.8)与$\bar{\varphi}_B(x,t)$做内积,并分部积分,可得

$$\int \frac{\partial \varphi_B(x,t)}{\partial t} \cdot \bar{\varphi}_B(x,t)\mathrm{d}x = -\mathrm{i}(2\nu - 2\mu)\int |\varphi_B(x,t)|^2 \mathrm{d}x - \frac{\mathrm{i}}{4m}\int |\nabla \varphi_B(x,t)|^2 \mathrm{d}x.$$

等式两边取实部,可得

$$\frac{1}{2}\frac{\partial}{\partial t}\int |\varphi_B(x,t)|^2 \mathrm{d}x = 0.$$

对上式两边关于时间变量 t 积分,可得

$$\frac{1}{2}\frac{\partial}{\partial t}\int |\varphi_B(x,t)|^2 \mathrm{d}x = \frac{1}{2}\frac{\partial}{\partial t}\int |\varphi_{B_0}(x)|^2 \mathrm{d}x.$$

即有

$$\|\varphi_B(x,t)\|^2 = \|\varphi_{B_0}(x)\|^2.$$

令

$$r_3^2 = \|\varphi_{B_0}(x)\|^2,$$

因此可得

$$\|\varphi_B(x,t)\|^2 \leqslant r_3^2.$$

定理 3.2.3 设 $u(x,t)$和 $\varphi_B(x,t)$是初边值问题(3.2.1)~(3.2.4)的整体弱解,$a>0,b>0,d_{\mathrm{i}}>0,m>0,c>0,\frac{1}{U}-a>0,|d_{\mathrm{r}}|\leqslant\sqrt{3}d_{\mathrm{i}},f(x,t)\in L^2((0,T),L^2(\Omega))$,则存在满足下列不等式的半径 $r_4^2(t),r_5^2(t),r_6^2$,使得

$$\|\nabla u(x,t)\|^2 \leqslant r_4^2(t), \quad \int_0^t \|\nabla^2 u(x,t)\|^2 \mathrm{d}t \leqslant r_5^2(t),$$

$$\|\nabla \varphi_B(x,t)\|^2 \leqslant r_6^2 \quad (t \in [0,+\infty)).$$

其中

$$r_4^2(t) = \|\nabla u_0(x)\|^2 \mathrm{e}^{-Nt} + \frac{2m|d|^2}{cd_{\mathrm{i}}}\int_0^t \|f(x,s)\|^2 \mathrm{e}^{-N(t-s)}\mathrm{d}s,$$

$$r_5^2(t) = \frac{4m|d|^2}{cd_{\mathrm{i}}}\|\nabla u_0(x)\|^2 + \frac{16m^2|d|^4}{c^2 d_{\mathrm{i}}^2}\int_0^t \|f(x,t)\|^2 \mathrm{d}t,$$

$$r_6^2 = \|\nabla \varphi_{B_0}(x)\|^2,$$

$$N = \frac{2\left(\frac{1}{U} - a\right)d_{\mathrm{i}}}{|d|^2} > 0.$$

证明　将方程(3.2.7)与 $-\nabla^2 \bar{u}(x,t)$ 做内积,并分部积分,可得

$$\int \frac{\partial u(x,t)}{\partial t} \cdot (-\nabla^2 \bar{u}(x,t))\mathrm{d}x + \frac{\mathrm{i}\left(\frac{1}{U} - a\right)}{d}\int |\nabla u(x,t)|^2 \mathrm{d}x$$
$$+ \frac{\mathrm{i}c}{4md}\int |\nabla^2 u(x,t)|^2 \mathrm{d}x$$
$$= \frac{-\mathrm{i}b}{d}\int |u(x,t)|^2 u(x,t) \cdot (-\nabla^2 \bar{u}(x,t))\mathrm{d}x$$
$$+ \int f(x,t) \cdot (-\nabla^2 \bar{u}(x,t))\mathrm{d}x.$$

两边取实部,可得

$$\frac{\partial}{\partial t}\int |\nabla u(x,t)|^2 \mathrm{d}x + \frac{2\left(\frac{1}{U} - a\right)d_{\mathrm{i}}}{|d|^2}\int |\nabla u(x,t)|^2 \mathrm{d}x$$
$$+ \frac{cd_{\mathrm{i}}}{2m|d|^2}\int |\nabla^2 u(x,t)|^2 \mathrm{d}x$$
$$= 2\mathrm{Re}\left[\frac{-\mathrm{i}b}{d}\int |u(x,t)|^2 u(x,t) \cdot (-\nabla^2 \bar{u}(x,t))\mathrm{d}x\right]$$
$$+ 2\mathrm{Re}\left[\int f(x,t) \cdot (-\nabla^2 \bar{u}(x,t))\mathrm{d}x\right]. \tag{3.2.13}$$

由于

$$\frac{-\mathrm{i}b}{d}\int |u(x,t)|^2 u(x,t) \cdot (-\nabla^2 \bar{u}(x,t))\mathrm{d}x$$
$$= \frac{-bd_{\mathrm{i}} - \mathrm{i}bd_{\mathrm{r}}}{|d|^2}\int |u(x,t)|^2 u(x,t) \cdot (-\nabla^2 \bar{u}(x,t))\mathrm{d}x.$$

由引理 3.2.2,可得估计式

$$\mathrm{Re}\left[\frac{-\mathrm{i}b}{d}\int |u(x,t)|^2 u(x,t) \cdot (-\nabla^2 \bar{u}(x,t))\mathrm{d}x\right]$$
$$= \frac{-bd_{\mathrm{i}}}{|d|^2}\mathrm{Re}\left[\int |u(x,t)|^2 u(x,t) \cdot (-\nabla^2 \bar{u}(x,t))\mathrm{d}x\right]$$
$$+ \frac{bd_{\mathrm{r}}}{|d|^2}\mathrm{Im}\left[\int |u(x,t)|^2 u(x,t) \cdot (-\nabla^2 \bar{u}(x,t))\mathrm{d}x\right]$$

$$\leqslant \frac{-bd_{\mathrm{i}}}{|d|^2}\mathrm{Re}\left[\int |u(x,t)|^2 u(x,t)\cdot(-\nabla^2\bar{u}(x,t))\mathrm{d}x\right]$$

$$+\frac{bd_{\mathrm{r}}}{|d|^2}\left|\mathrm{Im}\left[\int |u(x,t)|^2 u(x,t)\cdot(-\nabla^2\bar{u}(x,t))\mathrm{d}x\right]\right|$$

$$\leqslant \frac{-bd_{\mathrm{i}}}{|d|^2}\mathrm{Re}\left[\int |u(x,t)|^2 u(x,t)\cdot(-\nabla^2\bar{u}(x,t))\mathrm{d}x\right]$$

$$+\frac{b\,|\,d_{\mathrm{r}}\,|}{|d|^2}\cdot\frac{|\,4-2\,|}{2\sqrt{4-1}}\mathrm{Re}\left[\int |u(x,t)|^2 u(x,t)\cdot(-\nabla^2\bar{u}(x,t))\mathrm{d}x\right]$$

$$=\frac{b}{|d|^2}\left(\frac{|d_{\mathrm{r}}|}{\sqrt{3}}-d_i\right)\mathrm{Re}\left[\int |u(x,t)|^2 u(x,t)\cdot(-\nabla^2\bar{u}(x,t))\mathrm{d}x\right].$$

令$\frac{|d_{\mathrm{r}}|}{\sqrt{3}}-d_{\mathrm{i}}\leqslant 0$,即$|d_{\mathrm{r}}|\leqslant\sqrt{3}d_{\mathrm{i}}$.并由式(3.2.6)可得

$$\mathrm{Re}\left[\frac{-\mathrm{i}b}{d}\int |u(x,t)|^2 u(x,t)\cdot(-\nabla^2\bar{u}(x,t))\mathrm{d}x\right]\leqslant 0.$$

代入等式(3.2.13),可得

$$\frac{\partial}{\partial t}\int |\nabla u(x,t)|^2\mathrm{d}x+\frac{2\left(\frac{1}{U}-a\right)d_{\mathrm{i}}}{|d|^2}\int |\nabla u(x,t)|^2\mathrm{d}x$$

$$+\frac{cd_{\mathrm{i}}}{2m|d|^2}\int |\nabla^2 u(x,t)|^2\mathrm{d}x$$

$$\leqslant 2\left|\int f(x,t)\cdot\nabla^2\bar{u}(x,t)\mathrm{d}x\right|. \tag{3.2.14}$$

利用 Young 不等式,可得

$$2\left|\int f(x,t)\cdot\nabla^2\bar{u}(x,t)\mathrm{d}x\right|\leqslant \varepsilon_2\int |\nabla^2 u(x,t)|^2\mathrm{d}x+\frac{1}{\varepsilon_2}\int |f(x,t)|^2\mathrm{d}x.$$

代入式(3.2.14),得

$$\frac{\partial}{\partial t}\int |\nabla u(x,t)|^2\mathrm{d}x+\frac{2\left(\frac{1}{U}-a\right)d_{\mathrm{i}}}{|d|^2}\int |\nabla u(x,t)|^2\mathrm{d}x$$

$$+\left(\frac{cd_{\mathrm{i}}}{2m|d|^2}-\varepsilon_2\right)\int |\nabla^2 u(x,t)|^2\mathrm{d}x$$

$$\leqslant\frac{1}{\varepsilon_2}\int |f(x,t)|^2\mathrm{d}x.$$

取 $\varepsilon_2=\frac{cd_{\mathrm{i}}}{2m|d|^2}$,从而可得

$$\frac{\partial}{\partial t}\int |\nabla u(x,t)|^2 \mathrm{d}x + \frac{2\left(\frac{1}{U}-a\right)d_i}{|d|^2}\int |\nabla u(x,t)|^2 \mathrm{d}x$$

$$\leqslant \frac{2m|d|^2}{cd_i}\int |f(x,t)|^2 \mathrm{d}x.$$

令 $N=\dfrac{2\left(\frac{1}{U}-a\right)d_i}{|d|^2}>0$，对上式利用 Gronwall 不等式(引理 3.2.1)，可得

$$\int |\nabla u(x,t)|^2 \mathrm{d}x \leqslant \int |\nabla u_0(x)|^2 \mathrm{d}x \mathrm{e}^{-Nt} + \frac{2m|d|^2}{cd_i}\int_0^t\int |f(x,s)|^2 \mathrm{d}x \mathrm{e}^{-N(t-s)}\mathrm{d}s.$$

整理可得

$$\|\nabla u(x,t)\|^2 \leqslant \|\nabla u_0(x)\|^2 \mathrm{e}^{-Nt} + \frac{2m|d|^2}{cd_i}\int_0^t \|f(x,s)\|^2 \mathrm{e}^{-N(t-s)}\mathrm{d}s.$$

令

$$r_4^2(t) = \|\nabla u_0(x)\|^2 \mathrm{e}^{-Nt} + \frac{2m|d|^2}{cd_i}\int_0^t \|f(x,s)\|^2 \mathrm{e}^{-N(t-s)}\mathrm{d}s.$$

因此可得

$$\|\nabla u(x,t)\|^2 \leqslant r_4^2(t).$$

由于$\dfrac{2\left(\frac{1}{U}-a\right)d_i}{|d|^2}>0$，式(3.2.14)可进一步化简为

$$\frac{\partial}{\partial t}\int |\nabla u(x,t)|^2 \mathrm{d}x + \frac{cd_i}{2m|d|^2}\int |\nabla^2 u(x,t)|^2 \mathrm{d}x$$

$$\leqslant 2\left|\int f(x,t)\cdot \nabla^2 \bar{u}(x,t)\mathrm{d}x\right|. \tag{3.2.15}$$

利用 Young 不等式，可得

$$2\left|\int f(x,t)\cdot \nabla^2 \bar{u}(x,t)\mathrm{d}x\right| \leqslant 2\int |f(x,t)||\nabla^2 \bar{u}(x,t)|\mathrm{d}x$$

$$\leqslant \varepsilon_3\int |\nabla^2 u(x,t)|^2 \mathrm{d}x + \frac{1}{\varepsilon_3}\int |f(x,t)|^2 \mathrm{d}x.$$

代入式(3.2.15)，可得

$$\frac{\partial}{\partial t}\int |\nabla u(x,t)|^2 \mathrm{d}x + \left(\frac{cd_i}{2m|d|^2}-\varepsilon_3\right)\int |\nabla^2 u(x,t)|^2 \mathrm{d}x$$

$$\leqslant \frac{1}{\varepsilon_3}\int |f(x,t)|^2 \mathrm{d}x.$$

取 $\varepsilon_3=\frac{cd_{\mathrm{i}}}{4m|d|^2}$,则有

$$\frac{\partial}{\partial t}\int|\nabla u(x,t)|^2\mathrm{d}x+\frac{cd_{\mathrm{i}}}{4m|d|^2}\int|\nabla^2 u(x,t)|^2\mathrm{d}x$$
$$\leqslant\frac{4m|d|^2}{cd_{\mathrm{i}}}\int|f(x,t)|^2\mathrm{d}x.$$

对上式两边关于时间变量 t 积分,可得

$$\int|\nabla u(x,t)|^2\mathrm{d}x+\frac{cd_{\mathrm{i}}}{4m|d|^2}\int_0^t\int|\nabla^2 u(x,t)|^2\mathrm{d}x\mathrm{d}t$$
$$\leqslant\int|\nabla u_0(x)|^2\mathrm{d}x+\frac{4m|d|^2}{cd_{\mathrm{i}}}\int_0^t\int|f(x,t)|^2\mathrm{d}x\mathrm{d}t.$$

从而可得

$$\frac{cd_{\mathrm{i}}}{4m|d|^2}\int_0^t\int|\nabla^2 u(x,t)|^2\mathrm{d}x\mathrm{d}t$$
$$\leqslant\int|\nabla u_0(x)|^2\mathrm{d}x-\int|\nabla u(x,t)|^2\mathrm{d}x+\frac{4m|d|^2}{cd_{\mathrm{i}}}\int_0^t\int|f(x,t)|^2\mathrm{d}x\mathrm{d}t$$
$$\leqslant\int|\nabla u_0(x)|^2\mathrm{d}x+\frac{4m|d|^2}{cd_{\mathrm{i}}}\int_0^t\int|f(x,t)|^2\mathrm{d}x\mathrm{d}t.$$

由于 $\frac{cd_{\mathrm{i}}}{4m|d|^2}>0$,因此可得

$$\int_0^t\int|\nabla^2 u(x,t)|^2\mathrm{d}x\mathrm{d}t\leqslant\frac{4m|d|^2}{cd_{\mathrm{i}}}\int|\nabla u_0(x)|^2\mathrm{d}x$$
$$+\frac{16m^2|d|^4}{c^2d_{\mathrm{i}}^2}\int_0^t\int|f(x,t)|^2\mathrm{d}x\mathrm{d}t.$$

令

$$r_5^2(t)=\frac{4m|d|^2}{cd_{\mathrm{i}}}\|\nabla u_0(x)\|^2+\frac{16m^2|d|^4}{c^2d_{\mathrm{i}}^2}\int_0^t\|f(x,t)\|^2\mathrm{d}t.$$

则有

$$\int_0^t\|\nabla^2 u(x,t)\|^2\mathrm{d}t\leqslant r_5^2(t).$$

为了估计 $\|\nabla\varphi_B(x,t)\|^2$,需要将方程(3.2.8)与 $-\nabla^2\overline{\varphi}_B(x,t)$ 做内积,并分部积分,可得

$$\int\frac{\partial\varphi_B(x,t)}{\partial t}\cdot(-\nabla^2\overline{\varphi}_B(x,t))\mathrm{d}x=-\mathrm{i}(2\nu-2\mu)\int|\nabla\overline{\varphi}_B(x,t)|^2\mathrm{d}x$$

$$-\frac{\mathrm{i}}{4m}\int |\nabla^2 \overline{\varphi}_B(x,t)|^2 \mathrm{d}x.$$

两边取实部,可得

$$\frac{1}{2}\frac{\partial}{\partial t}\int |\nabla \overline{\varphi}_B(x,t)|^2 \mathrm{d}x = 0.$$

对上式两边关于时间变量 t 积分,可得

$$\frac{1}{2}\int |\nabla \varphi_B(x,t)|^2 \mathrm{d}x = \frac{1}{2}\int |\nabla \varphi_{B_0}(x)|^2 \mathrm{d}x.$$

整理可得

$$\|\nabla \varphi_B(x,t)\|^2 = \|\nabla \varphi_{B_0}(x)\|^2.$$

令

$$r_6^2 = \|\nabla \varphi_{B_0}(x)\|^2.$$

因此可得

$$\|\nabla \varphi_B(x,t)\|^2 \leqslant r_6^2,$$

其中 r_6 是与时间变量 t 无关的常数.

定理 3.2.4　设 $u(x,t)$ 和 $\varphi_B(x,t)$ 是初边值问题(3.2.1)～(3.2.4)的整体弱解,耦合系数 $a>0,b>0,d_{\mathrm{i}}>0,m>0,c>0,\frac{1}{U}-a>0,|d_{\mathrm{r}}|\leqslant\sqrt{3}d_{\mathrm{i}},f(x,t)\in L^2((0,T),L^2(\Omega))$,则存在满足下列不等式的半径 $r_7^2(t)$, r_8^2 和 r_9^2,使得

$$\|t\,\nabla u(x,t)\|^2 \leqslant r_7^2(t),\quad \|\nabla^2 \varphi_B(x,t)\|^2 \leqslant r_8^2,$$

$$\|\varphi_{Bt}(x,t)\|^2 \leqslant r_9^2\quad (t\in[0,+\infty)).$$

其中

$$r_7^2(t) = \int_0^t \left(\frac{r_4^2(s)}{M} + \frac{2m|d|^2}{cd_{\mathrm{i}}}\|sf(x,s)\|^2\right)\mathrm{e}^{-M(t-s)}\mathrm{d}s,$$

$$r_8^2 = \|\nabla^2 \varphi_{B_0}(x)\|^2,$$

$$r_9^2 = 8(\nu-\mu)^2\|\varphi_{B_0}(x)\|^2 + \frac{1}{8m^2}\|\nabla^2 \varphi_{B_0}(x)\|^2,$$

$$M = \frac{\left(\frac{1}{U}-a\right)d_{\mathrm{i}}}{|d|^2} > 0.$$

证明　将方程(3.2.7)与 $-t^2\,\nabla^2 \bar{u}(x,t)$ 做内积,并分部积分,可得

$$\int \frac{\partial u(x,t)}{\partial t}\cdot(-t^2\,\nabla^2 \bar{u}(x,t))\mathrm{d}x + \frac{\mathrm{i}\left(\frac{1}{U}-a\right)}{d}\int t^2|\nabla u(x,t)|^2 \mathrm{d}x$$

$$+\frac{\mathrm{i}c}{4md}\int t^2|\nabla^2 u(x,t)|^2\mathrm{d}x$$

$$=\frac{-\mathrm{i}bt^2}{d}\int|u(x,t)|^2u(x,t)\cdot(-\nabla^2\bar{u}(x,t))\mathrm{d}x$$

$$+\int f(x,t)\cdot(-t^2\nabla^2\bar{u}(x,t))\mathrm{d}x.$$

两边取实部,可得

$$\int t^2\frac{\partial}{\partial t}|\nabla u(x,t)|^2\mathrm{d}x+\frac{2\left(\frac{1}{U}-a\right)d_{\mathrm{i}}}{|d|^2}\int t^2|\nabla u(x,t)|^2\mathrm{d}x$$

$$+\frac{cd_{\mathrm{i}}}{2m|d|^2}\int t^2|\nabla^2 u(x,t)|^2\mathrm{d}x$$

$$=2\mathrm{Re}\left[\frac{-\mathrm{i}bt^2}{d}\int|u(x,t)|^2u(x,t)\cdot(-\nabla^2\bar{u}(x,t))\mathrm{d}x\right]$$

$$+2\mathrm{Re}\left[\int f(x,t)\cdot(-t^2\nabla^2\bar{u}(x,t))\mathrm{d}x\right]. \tag{3.2.16}$$

由引理3.2.2得

$$\mathrm{Re}\left[\frac{-\mathrm{i}b}{d}\int|u(x,t)|^2u(x,t)\cdot(-\nabla^2\bar{u}(x,t))\mathrm{d}x\right]$$

$$=\frac{-bd_{\mathrm{i}}}{|d|^2}\mathrm{Re}\left[\int|u(x,t)|^2u(x,t)\cdot(-\nabla^2\bar{u}(x,t))\mathrm{d}x\right]$$

$$+\frac{bd_{\mathrm{r}}}{|d|^2}\mathrm{Im}\left[\int|u(x,t)|^2u(x,t)\cdot(-\nabla^2\bar{u}(x,t))\mathrm{d}x\right]$$

$$\leqslant\frac{-bd_{\mathrm{i}}}{|d|^2}\mathrm{Re}\left[\int|u(x,t)|^2u(x,t)\cdot(-\nabla^2\bar{u}(x,t))\mathrm{d}x\right]$$

$$+\frac{b|d_{\mathrm{r}}|}{|d|^2}\left|\mathrm{Im}\left[\int|u(x,t)|^2u(x,t)\cdot(-\nabla^2\bar{u}(x,t))\mathrm{d}x\right]\right|$$

$$\leqslant\frac{-bd_{\mathrm{i}}}{|d|^2}\mathrm{Re}\left[\int|u(x,t)|^2u(x,t)\cdot(-\nabla^2\bar{u}(x,t))\mathrm{d}x\right]$$

$$+\frac{b|d_{\mathrm{r}}|}{|d|^2}\cdot\frac{|4-2|}{2\sqrt{4-1}}\mathrm{Re}\left[\int|u(x,t)|^2u(x,t)\cdot(-\nabla^2\bar{u}(x,t))\mathrm{d}x\right]$$

$$=\frac{b}{|d|^2}\left(\frac{|d_{\mathrm{r}}|}{\sqrt{3}}-d_{\mathrm{i}}\right)\mathrm{Re}\left[\int|u(x,t)|^2u(x,t)\cdot(-\nabla^2\bar{u}(x,t))\mathrm{d}x\right].$$

令$\frac{|d_{\mathrm{r}}|}{\sqrt{3}}-d_{\mathrm{i}}\leqslant 0$,即$|d_{\mathrm{r}}|\leqslant\sqrt{3}d_{\mathrm{i}}$.可得

$$\operatorname{Re}\left[\frac{-\mathrm{i}b}{d}\int |u(x,t)|^2 u(x,t)\cdot(-\nabla^2\bar{u}(x,t))\mathrm{d}x\right]\leqslant 0.$$

代入式(3.2.16),可得

$$\begin{aligned}&\int t^2\frac{\partial}{\partial t}|\nabla u(x,t)|^2\mathrm{d}x+\frac{2\left(\frac{1}{U}-a\right)d_{\mathrm{i}}}{|d|^2}\int t^2|\nabla u(x,t)|^2\mathrm{d}x\\&\quad+\frac{cd_{\mathrm{i}}}{2m|d|^2}\int t^2|\nabla^2 u(x,t)|^2\mathrm{d}x\\&\quad\leqslant 2\left|\int f(x,t)\cdot t^2\nabla^2\bar{u}(x,t)\mathrm{d}x\right|.\end{aligned}\tag{3.2.17}$$

因为

$$\int t^2\frac{\partial}{\partial t}|\nabla u(x,t)|^2\mathrm{d}x=\frac{\partial}{\partial t}\int t^2|\nabla u(x,t)|^2\mathrm{d}x-2\int t|\nabla u(x,t)|^2\mathrm{d}x.\tag{3.2.18}$$

结合估计式(3.2.17)和式(3.2.18)可得

$$\begin{aligned}&\frac{\partial}{\partial t}\int t^2|\nabla u(x,t)|^2\mathrm{d}x+\frac{2\left(\frac{1}{U}-a\right)d_{\mathrm{i}}}{|d|^2}\int t^2|\nabla u(x,t)|^2\mathrm{d}x\\&\quad+\frac{cd_{\mathrm{i}}}{2m|d|^2}\int t^2|\nabla^2 u(x,t)|^2\mathrm{d}x\\&\quad\leqslant 2\int t|\nabla u(x,t)|^2\mathrm{d}x+2\left|\int f(x,t)\cdot t^2\nabla^2\bar{u}(x,t)\mathrm{d}x\right|.\end{aligned}\tag{3.2.19}$$

利用 Young 不等式,有

$$\begin{aligned}&\frac{\partial}{\partial t}\int t^2|\nabla u(x,t)|^2\mathrm{d}x+\frac{2\left(\frac{1}{U}-a\right)d_{\mathrm{i}}}{|d|^2}\int t^2|\nabla u(x,t)|^2\mathrm{d}x\\&\quad+\frac{cd_{\mathrm{i}}}{2m|d|^2}\int t^2|\nabla^2 u(x,t)|^2\mathrm{d}x\\&\quad\leqslant \varepsilon_5\int t^2|\nabla u(x,t)|^2\mathrm{d}x+\frac{1}{\varepsilon_5}\int|\nabla u(x,t)|^2\mathrm{d}x\\&\quad\quad+\varepsilon_4\int t^2|\nabla^2 u(x,t)|^2\mathrm{d}x+\frac{1}{\varepsilon_4}\int t^2|f(x,t)|^2\mathrm{d}x.\end{aligned}$$

整理可得

$$\frac{\partial}{\partial t}\int|t\nabla u(x,t)|^2\mathrm{d}x+\left(\frac{2\left(\frac{1}{U}-a\right)d_{\mathrm{i}}}{|d|^2}-\varepsilon_5\right)\int|t\nabla u(x,t)|^2\mathrm{d}x$$

$$+\left(\frac{cd_{\mathrm{i}}}{2m|d|^{2}}-\varepsilon_{4}\right)\int|t\nabla^{2}u(x,t)|^{2}\mathrm{d}x$$

$$\leqslant\frac{1}{\varepsilon_{5}}\int|\nabla u(x,t)|^{2}\mathrm{d}x+\frac{1}{\varepsilon_{4}}\int|tf(x,t)|^{2}\mathrm{d}x.$$

取

$$\varepsilon_{4}=\frac{cd_{\mathrm{i}}}{2m|d|^{2}},\quad \varepsilon_{5}=\frac{\left(\frac{1}{U}-a\right)d_{\mathrm{i}}}{|d|^{2}},$$

则有

$$\frac{\partial}{\partial t}\int|t\nabla u(x,t)|^{2}\mathrm{d}x+\frac{\left(\frac{1}{U}-a\right)d_{\mathrm{i}}}{|d|^{2}}\int|t\nabla u(x,t)|^{2}\mathrm{d}x$$

$$\leqslant\frac{|d|^{2}}{\left(\frac{1}{U}-a\right)d_{\mathrm{i}}}\int|\nabla u(x,t)|^{2}\mathrm{d}x+\frac{2m|d|^{2}}{cd_{\mathrm{i}}}\int|tf(x,t)|^{2}\mathrm{d}x$$

$$\leqslant\frac{|d|^{2}}{\left(\frac{1}{U}-a\right)d_{\mathrm{i}}}r_{4}^{2}(t)+\frac{2m|d|^{2}}{cd_{\mathrm{i}}}\int|tf(x,t)|^{2}\mathrm{d}x.$$

记 $M=\dfrac{\left(\frac{1}{U}-a\right)d_{\mathrm{i}}}{|d|^{2}}>0$,并对上式利用 Gronwall 不等式,可得

$$\int|t\nabla u(x,t)|^{2}\mathrm{d}x\leqslant\int_{0}^{t}\left[\frac{r_{4}^{2}(s)}{M}+\frac{2m|d|^{2}}{cd_{\mathrm{i}}}\int|sf(x,s)|^{2}\mathrm{d}x\right]\mathrm{e}^{-M(t-s)}\mathrm{d}s.$$

整理可得

$$\|t\nabla u(x,t)\|^{2}\leqslant\int_{0}^{t}\left[\frac{r_{4}^{2}(s)}{M}+\frac{2m|d|^{2}}{cd_{\mathrm{i}}}\|sf(x,s)\|^{2}\right]\mathrm{e}^{-M(t-s)}\mathrm{d}s.$$

令

$$r_{7}^{2}(t)=\int_{0}^{t}\left[\frac{r_{4}^{2}(s)}{M}+\frac{2m|d|^{2}}{cd_{\mathrm{i}}}\|sf(x,s)\|^{2}\right]\mathrm{e}^{-M(t-s)}\mathrm{d}s.$$

因此可得

$$\|t\nabla u(x,t)\|^{2}\leqslant r_{7}^{2}(t).$$

下面继续估计 $\|\nabla^{2}\varphi_{B}(x,t)\|^{2}$.

将方程(3.2.8)与 $\nabla^{4}\bar{\varphi}_{B}(x,t)$ 做内积,并分部积分,可得

$$\int\frac{\partial\varphi_{B}(x,t)}{\partial t}\cdot[\nabla^{4}\bar{\varphi}_{B}(x,t)]\mathrm{d}x=-\mathrm{i}(2\nu-2\mu)\int|\nabla^{2}\varphi_{B}(x,t)|^{2}\mathrm{d}x$$

$$- \frac{\mathrm{i}}{4m}\int |\nabla^3 \varphi_B(x,t)|^2 \mathrm{d}x.$$

两边取实部,可得

$$\frac{1}{2}\frac{\partial}{\partial t}\int |\nabla^2 \varphi_B(x,t)|^2 \mathrm{d}x = 0.$$

即有

$$\frac{\partial}{\partial t}\int |\nabla^2 \varphi_B(x,t)|^2 \mathrm{d}x = 0.$$

上式两边关于时间变量 t 积分可得

$$\int |\nabla^2 \varphi_B(x,t)|^2 \mathrm{d}x = \int |\nabla^2 \varphi_{B_0}(x)|^2 \mathrm{d}x.$$

令

$$r_8^2 = \|\nabla^2 \varphi_{B_0}(x)\|^2.$$

因此可得

$$\|\nabla^2 \varphi_B(x,t)\|^2 \leqslant r_8^2.$$

下面估计 $\|\varphi_{Bt}(x,t)\|^2$.

将方程(3.2.8)两边同时与 $\overline{\varphi}_{Bt}(x,t)$ 做内积,可得

$$\begin{aligned}(\varphi_{Bt}(x,t),\overline{\varphi}_{Bt}(x,t)) &= (-\mathrm{i}(2\nu - 2\mu)\varphi_B(x,t),\overline{\varphi}_{Bt}(x,t)) \\ &\quad + \left(\frac{\mathrm{i}}{4m}\nabla^2 \varphi_B(x,t),\overline{\varphi}_{Bt}(x,t)\right).\end{aligned}$$

两边取实部,可得

$$\begin{aligned}\int |\varphi_{Bt}(x,t)|^2 \mathrm{d}x &= \mathrm{Im}\left[(2\nu - 2\mu)\int \varphi_B(x,t)\cdot \overline{\varphi}_{Bt}(x,t)\mathrm{d}x\right] \\ &\quad - \mathrm{Im}\left[\frac{1}{4m}\int \nabla^2 \varphi_B(x,t)\cdot \overline{\varphi}_{Bt}(x,t)\mathrm{d}x\right] \\ &\leqslant |2\nu - 2\mu|\int |\varphi_B(x,t)||\overline{\varphi}_{Bt}(x,t)|\mathrm{d}x \\ &\quad + \frac{1}{4m}\int |\nabla^2 \varphi_B(x,t)||\overline{\varphi}_{Bt}(x,t)|\mathrm{d}x.\end{aligned}$$

利用 Young 不等式,可得

$$\begin{aligned}\int |\varphi_{Bt}(x,t)|^2 \mathrm{d}x &\leqslant \frac{\varepsilon_6}{2}\int |\varphi_{Bt}(x,t)|^2 + \frac{1}{2\varepsilon_6}(2\nu - 2\mu)^2\int |\varphi_B(x,t)|^2 \mathrm{d}x \\ &\quad + \frac{\varepsilon_6}{2}\int |\varphi_{Bt}(x,t)|^2 + \frac{1}{32\varepsilon_6 m^2}\int |\nabla^2 \varphi_B(x,t)|^2 \mathrm{d}x.\end{aligned}$$

整理可得

$$
\begin{aligned}
(1-\varepsilon_6)\int|\varphi_{Bt}(x,t)|^2\mathrm{d}x &\leqslant \frac{1}{2\varepsilon_6}(2\nu-2\mu)^2\int|\varphi_{Bt}(x,t)|^2\mathrm{d}x \\
&\quad+\frac{1}{32\varepsilon_6 m^2}\int|\nabla^2\varphi_B(x,t)|^2\mathrm{d}x \\
&\leqslant \frac{1}{2\varepsilon_6}(2\nu-2\mu)^2\|\varphi_{B_0}(x)\|^2+\frac{1}{32\varepsilon_6 m^2}\|\nabla^2\varphi_{B_0}(x)\|^2.
\end{aligned}
$$

取 $\varepsilon_6=\dfrac{1}{2}$,从而可得

$$
\|\varphi_{Bt}(x,t)\|^2\leqslant 8(\nu-\mu)^2\|\varphi_{B_0}(x)\|^2+\frac{1}{8m^2}\|\nabla^2\varphi_{B_0}(x)\|^2.
$$

令

$$
r_9^2=8(\nu-\mu)^2\|\varphi_{B_0}(x)\|^2+\frac{1}{8m^2}\|\nabla^2\varphi_{B_0}(x)\|^2.
$$

因此可得

$$
\|\varphi_{Bt}(x,t)\|^2\leqslant r_9^2.
$$

3.2.3 整体吸引子的存在性

有了定理 3.2.2～3.2.4 的估计,下面就可以着手考虑整体吸引子的存在性问题.

定理 3.2.1 的证明 为了证明定理 3.2.1,我们需要验证引理 2.1.1 中的 3 个条件.取 Banach 空间 $E=H^{1,2}(\Omega)\times H^{1,2}(\Omega)$,设 $\boldsymbol{u}(x,t)=(u(x,t),\varphi_B(x,t))^{\mathrm{T}}$ 是初边值问题(3.2.1)～(3.2.4)的弱解,做映射 S_t:$S_t\boldsymbol{u}(x,t)=\boldsymbol{u}(x,t)$,它是 $E\to E$ 的映射,且 $S_0=S_0\boldsymbol{u}(x,0)=\boldsymbol{u}(x,0)$,则 S_t 是由初边值问题(3.2.1)～(3.2.4)的弱解生成的半群算子.下面我们逐条验证引理 2.1.6 的条件.

(1) 首先证明算子 S_t 在 E 上是一致有界的.

利用定理 3.2.2 和定理 3.2.3 的结论,可见对以 R 为半径的球 $B_R\subset E$,存在 $B\subset B_R$,则有

$$
\begin{aligned}
\|S_t u(x,t)\|_E^2 &= \|u(x,t)\|_{H^{1,2}}^2 \\
&= \|u(x,t)\|^2+\|\nabla u(x,t)\|^2
\end{aligned}
$$

$$\leqslant \|u_0(x)\|^2 e^{-Nt} + \frac{2m|d|^2\lambda}{cd_i}\int_0^t \|f(x,s)\|^2 e^{-N(t-s)} ds$$

$$+ \|\nabla u_0(x)\|^2 e^{-Nt} + \frac{2m|d|^2}{cd_i}\int_0^t \|f(x,s)\|^2 e^{-N(t-s)} ds$$

$$\leqslant a_1\|u_0(x)\|^2 + a_1\|\nabla u_0(x)\|^2 + a_2.$$

其中 a_1, a_2 是正常数.

$$\|S_t\varphi_B(x,t)\|_E^2 = \|\varphi_B(x,t)\|_{H^{1,2}}^2 = \|\varphi_B(x,t)\|^2 + \|\nabla\varphi_B(x,t)\|^2$$
$$\leqslant \|\varphi_{B_0}(x)\|^2 + \|\nabla\varphi_{B_0}(x)\|^2.$$

存在

$$C(R) < \max\{a_1\|u_0(x)\|^2 + a_1\|\nabla u_0(x)\|^2 + a_2, \|\varphi_{B_0}(x)\|^2 + \|\nabla\varphi_{B_0}(x)\|^2\},$$

则有

$$\|S_t(u(x,t),\varphi_B(x,t))\|_E^2 \leqslant C(R).$$

故 S_t 在 E 上是一致有界的.

(2) 证明在 E 上存在一个有界吸收集.

由定理 3.2.2、3.2.3 的结论,可得

$$\overline{\lim_{t\to+\infty}}\|u(x,t)\|^2 \leqslant \overline{\lim_{t\to+\infty}}\left(\|u_0(x)\|^2 e^{-Nt} + \frac{2m|d|^2\lambda}{cd_i}\int_0^t \|f(x,s)\|^2 e^{-N(t-s)} ds\right) = A_1,$$

$$\overline{\lim_{t\to+\infty}}\|\varphi_B(x,t)\|^2 \leqslant \overline{\lim_{t\to+\infty}}(\|\varphi_{B_0}(x)\|^2) = \|\varphi_{B_0}(x)\|^2,$$

$$\overline{\lim_{t\to+\infty}}\|\nabla u(x,t)\|^2 \leqslant \overline{\lim_{t\to+\infty}}\left(\|\nabla u_0(x)\|^2 e^{-Nt} + \frac{2m|d|^2}{cd_i}\int_0^t \|f(x,s)\|^2 e^{-N(t-s)} ds\right) = A_2,$$

$$\overline{\lim_{t\to+\infty}}\|\nabla\varphi_B(x,t)\|^2 \leqslant \overline{\lim_{t\to+\infty}}(\|\nabla\varphi_{B_0}(x)\|^2) = \|\nabla\varphi_{B_0}(x)\|^2.$$

其中 $A_1, A_2, \|\varphi_{B_0}(x)\|^2, \|\nabla\varphi_{B_0}(x)\|^2$ 全为有界常数.

取

$$D = \max\{A_1, A_2, \|\varphi_{B_0}(x)\|^2, \|\nabla\varphi_{B_0}(x)\|^2\}.$$

从而可得

$$\|S_t(u(x,t),\varphi_B(x,t))\|_E^2 \leqslant D.$$

令

$$\bar{A} = \{(u(x,t),\varphi_B(x,t)) \in E, \|S_t(u(x,t),\varphi_B(x,t))\|_E^2 \leqslant D\}.$$

则 $\bar{A}$ 是算子 S_t 的一个有界吸收集.

(3) 最后,我们证明 S_t 是一个全连续算子.

由定理 3.2.4 得,当 $t>0$ 时,有

$$\|\nabla u(x,t)\|^2 \leqslant \frac{r_7^2(t)}{t^2} \leqslant \frac{K}{t^2} \quad (K\ \text{为有界常数}).$$

由于

$$(\|\nabla u(x,t)\|^2)_t \leqslant \frac{-2K}{t^3} < +\infty.$$

故 $u(x,t)$ 关于 t 连续.

由定理 3.2.4 可知

$$\|\varphi_{Bt}(x,t)\|^2 \leqslant r_9^2.$$

其中 r_9^2 为一有界常数. 故 $\varphi_B(x,t)$ 关于 t 连续. 因此 S_t 是一个全连续算子. 故由吸引子的存在性定理可得,初边值问题(3.2.1)~(3.2.4)存在一个紧整体吸引子.

第 4 章　BCS－BEC 跨越中的数学模型

本章着重分析 BCS－BEC 跨越中数学模型的一般形式. 实际上，我们主要探讨在特定的初值条件下由依赖于时间变量 t 的金兹堡-朗道理论以及在非平衡态下的金兹堡-朗道理论这两种模式的耦合方程组的动力学行为.

4.1　BCS－BEC 跨越间的金兹堡-朗道理论

4.1.1　金兹堡-朗道模型及主要结果

这部分主要考虑在 Feshbach 共振附近，BCS－BEC 跨越中的 Ginzburg-Landau 理论：

$$-\mathrm{i}du_t=\left(-\frac{dg^2+1}{U}+a\right)u+g[a+d(2\nu-2\mu)]\varphi+\frac{c}{4m}\Delta u$$
$$+\frac{g}{4m}(c-d)\Delta\varphi-b|u+g\varphi|^2(u+g\varphi),\tag{4.1.1}$$

$$\mathrm{i}\varphi_t=-\frac{g}{U}u+(2\nu-2\mu)\varphi-\frac{1}{4m}\Delta\varphi,\tag{4.1.2}$$

$$u(x,0)=u_0(x),\quad \varphi(x,0)=\varphi_0(x)\quad (x\in\Omega),\tag{4.1.3}$$

$$u(x,t)=0,\quad \varphi(x,t)=0\quad ((t,x)\in[0,\infty)\times\partial\Omega).\tag{4.1.4}$$

其中 Ω 是 $\mathbf{R}^n$ 中的有界域，a,b,c,d 和 m,U,g,ν,μ 都是耦合系数，$u_0(x)\in H^{1,2}(\Omega)$，$\varphi_0(x)\in H^{1,2}(\Omega)$，$t\geqslant 0$ 且 d 是复数. 令 $d=d_r+\mathrm{i}d_i$，则 $|d|^2=d_r^2+d_i^2$.

初边值问题(4.1.1)～(4.1.4)描述的是在 Feshbach 共振附近，费米子对超流体和玻色子凝聚体之间相互转化过程中的 BCS - BEC 跨越现象.由于费米子-玻色子模型的特殊性,吸引了学者们的关注和研究.1987 年[59],桑建平等人对相互作用的玻色子-费米子模型进行了微观研究,并给出了与试验符合很好的 EU 基态转动态的理论计算谱.1992 年,人们发现了 BCS - BEC 跨越现象,引发了很多学者对费米子-玻色子模型中 Feshbach 共振附近费米子气体超流的研究[49,53].金兹堡-朗道理论对于费米子气体超流研究起到了很重要的作用,在文献[60]中,黄琨采用路径积分方法建立了描述势阱中的费米子气体在整个 BCS - BEC 跨越中不依赖于时间的金兹堡-朗道理论,在文献[25]中,Machida 和 Koyama 从费米子-玻色子模型出发,根据 Feshbach 共振附近的超流体费米子气体构造依赖时间的金兹堡-朗道理论,证明了与时间相关的金兹堡-朗道方程(TDGL)中的耦合系数 d 除在 BEC 极限外都是复数.复杂的 TDGL 方程既描述了阻尼,又描述了传播动力学,从而在 Feshbach 共振附近产生了非常丰富的现象.

本章主要探讨该耦合金兹堡-朗道方程组的动力学行为,并得到如下结果:

定理 4.1.1 设 $u(x,t),\varphi(x,t)$ 是初边值问题(4.1.1)~(4.1.4)的整体弱解,耦合系数 $a>0,U>0,b\geqslant 0,c>0,m>0,a-\dfrac{1}{U}\leqslant 0,\sqrt{3}d_{\mathrm{i}}\geqslant|d_{\mathrm{r}}|,g>0$,且 $N=3,u_0(x)\in H^{1,2}(\Omega),\varphi_0(x)\in H^{1,2}(\Omega)$,令 $u+g\varphi=g_1+\mathrm{i}g_2,\varphi=\varphi_1+\mathrm{i}\varphi_2$,则当弱解 $u(x,t),\varphi(x,t)$ 满足下列三个条件之一时,

(1) $g_1=\varphi_1=0$;

(2) $g_2=\varphi_2=0$;

(3) $\dfrac{g_1}{g_2}=\dfrac{\varphi_1}{\varphi_2},\dfrac{\nabla g_1}{\nabla g_2}=\dfrac{\nabla\varphi_1}{\nabla\varphi_2}$,且$\dfrac{\Delta g_1}{\Delta g_2}=\dfrac{\Delta\varphi_1}{\Delta\varphi_2}$.

初边值问题(4.1.1)~(4.1.4)存在整体吸引子 A,且吸引子 A 满足:

(a) $S_tA=A$,对于 $t\in\mathbf{R}^+$ 成立;

(b) $\lim\limits_{t\to\infty}(S_tB,A)=0$,其中 $B\subset H^{1,2}(\Omega)$,且

$$\operatorname{dist}(S_tB,A)=\sup_{x\in B}\inf_{y\in A}\|S_tx-y\|_E,$$

这里 $E=H^{1,2}(\Omega)\times H^{1,2}(\Omega)$,$\{S_t(t\geqslant 0)\}$是由初边值问题(4.1.1)~(4.1.4)的弱解生成的半群算子,且吸引子为

$$A=\bigcap_{\tau\geqslant 0}\overline{\bigcup_{t\geqslant\tau}S_tA}.$$

4.1.2　先验估计

这里主要根据整体吸引子存在性定理的需要建立初边值问题(4.1.1)～(4.1.4)弱解的先验估计.首先,方程(4.1.1)、(4.1.2)可改写为

$$u_t = \mathrm{i}\left(-\frac{dg^2+1}{dU}+\frac{a}{d}\right)u + \mathrm{i}g\left[\frac{a}{d}+(2\nu-2\mu)\right]\varphi + \frac{\mathrm{i}c}{4md}\Delta u + \frac{\mathrm{i}g}{4md}(c-d)\Delta\varphi - \frac{\mathrm{i}b}{d}|u+g\varphi|^2(u+g\varphi), \tag{4.1.5}$$

$$\varphi_t = \frac{\mathrm{i}g}{U}u - \mathrm{i}(2\nu-2\mu)\varphi + \frac{\mathrm{i}}{4m}\Delta\varphi, \tag{4.1.6}$$

将方程(4.1.6)两边同时乘以 g,并和方程(4.1.5)相加可得到下列方程:

$$(u+g\varphi)_t = \left(\frac{cd_{\mathrm{i}}}{4m|d|^2}+\mathrm{i}\frac{cd_{\mathrm{r}}}{4m|d|^2}\right)\Delta(u+g\varphi) + \left(\frac{\mathrm{i}a}{d}-\frac{\mathrm{i}}{dU}\right)(u+g\varphi) + \frac{\mathrm{i}g}{dU}\varphi - \left(\frac{bd_{\mathrm{i}}}{|d|^2}+\mathrm{i}\frac{bd_{\mathrm{r}}}{|d|^2}\right)|u+g\varphi|^2(u+g\varphi). \tag{4.1.7}$$

定理 4.1.2　假设耦合系数 $a>0, U>0, b\geqslant 0, m>0, c>0, d_i>0, g>0$, $u(x,t),\varphi(x,t)$ 是初边值问题(4.1.1)～(4.1.4)的弱解,$u_0(x)\in H^{1,2}(\Omega)$, $\varphi_0(x)\in H^{1,2}(\Omega)$,令 $u+g\varphi=g_1+\mathrm{i}g_2, \varphi=\varphi_1+\mathrm{i}\varphi_2$,则当弱解 $u(x,t),\varphi(x,t)$ 满足下列三个条件之一时,

(1) $g_1=\varphi_1=0$;

(2) $g_2=\varphi_2=0$;

(3) $\dfrac{g_1}{g_2}=\dfrac{\varphi_1}{\varphi_2},\dfrac{\nabla g_1}{\nabla g_2}=\dfrac{\nabla\varphi_1}{\nabla\varphi_2}$,且$\dfrac{\Delta g_1}{\Delta g_2}=\dfrac{\Delta\varphi_1}{\Delta\varphi_2}$.

存在常数 $\bar{c}_1<0,\bar{c}_2>0$,使得

$$\|u\|_{L^2}^2 \leqslant 2\mathrm{e}^{\bar{c}_1 t}\|u_0+g\varphi_0\|_{L^2}^2 + \frac{2}{\bar{c}_1}(1-\mathrm{e}^{t\bar{c}_1})\bar{c}_2 + 2g^2\|\varphi_0\|_{L^2}^2,$$

$$\|\varphi\|_{L^2}^2 \leqslant \|\varphi_0\|_{L^2}^2,$$

$$\overline{\lim_{t\to+\infty}}(\|u\|_{L^2}^2+\|\varphi\|_{L^2}^2) \leqslant (1+2g^2)\|\varphi_0\|_{L^2}^2 + \frac{2\bar{c}_2}{\bar{c}_1} = E_1.$$

其中

$$\bar{c}_1 = c_1 - \frac{4bd_{\mathrm{i}}}{|d|^2\varepsilon},\quad \bar{c}_2 = \frac{g(d_{\mathrm{i}}+|d_{\mathrm{r}}|)}{|d|^2U\varepsilon}\|\varphi_0\|_{L^2}^2 + \frac{2bd_{\mathrm{i}}}{|d|^2\varepsilon^2}|\Omega|,$$

$$c_1=-\frac{cd_i}{2m|d|^2\lambda}+\frac{2ad_i}{|d|^2}-\frac{2d_i}{|d|^2U}+\frac{g(d_i+|d_r|)\varepsilon}{|d|^2U},$$

其中 λ 为 Poincaré 系数，E_1 是不依赖于时间变量 t 的常数.

证明　将方程(4.1.7)式与 $\overline{(u+g\varphi)}$ 做内积，两边取实部，可得

$$\begin{aligned}\frac{1}{2}\frac{\mathrm{d}}{\mathrm{d}t}\|u+g\varphi\|_{L^2}^2=&-\frac{cd_i}{4m|d|^2}\int|\nabla(u+g\varphi)|^2\mathrm{d}x\\&+\left(\frac{ad_i}{|d|^2}-\frac{d_i}{|d|^2U}\right)\|u+g\varphi\|_{L^2}^2\\&+\mathrm{Re}\left[\int\frac{\mathrm{i}g(d_r-\mathrm{i}d_i)}{|d|^2U}\varphi\cdot\overline{(u+g\varphi)}\mathrm{d}x\right]-\frac{bd_i}{|d|^2}\|u+g\varphi\|_{L^4}^4.\end{aligned}$$

由边值条件(4.1.4)及 Poincaré 不等式知

$$\int|\nabla(u+g\varphi)|^2\mathrm{d}x\geqslant\frac{1}{\lambda}\int(u+g\varphi)^2\mathrm{d}x.$$

代入上式得

$$\begin{aligned}\frac{1}{2}\frac{\mathrm{d}}{\mathrm{d}t}\|u+g\varphi\|_{L^2}^2\leqslant&-\frac{cd_i}{4m|d|^2\lambda}\int(u+g\varphi)^2\mathrm{d}x+\left(\frac{ad_i}{|d|^2}-\frac{d_i}{|d|^2U}\right)\|u+g\varphi\|_{L^2}^2\\&+\frac{gd_i}{|d|^2U}\mathrm{Re}\int\varphi\cdot\overline{(u+g\varphi)}\mathrm{d}x-\frac{gd_r}{|d|^2U}\mathrm{Im}\int\varphi\cdot\overline{(u+g\varphi)}\mathrm{d}x\\&-\frac{bd_i}{|d|^2}\|u+g\varphi\|_{L^4}^4.\end{aligned}$$

利用 Young 不等式，得

$$\frac{2bd_i}{|d|^2\varepsilon}\int|u+g\varphi|^2\mathrm{d}x\leqslant\frac{bd_i}{|d|^2}\|u+g\varphi\|_{L^4}^4+\frac{bd_i}{|d|^2\varepsilon^2}|\Omega|,$$

$$\left[\int\varphi\,\overline{(u+g\varphi)}\mathrm{d}x\right]\leqslant\frac{1}{2}\left|\frac{1}{\varepsilon}\|\varphi\|_{L^2}^2+\varepsilon\|u+g\varphi\|_{L^2}^2\right|,$$

整理得

$$\begin{aligned}&\frac{\mathrm{d}}{\mathrm{d}t}\|u+g\varphi\|_{L^2}^2+\frac{4bd_i}{|d|^2\varepsilon}\|u+g\varphi\|_{L^2}^2-\frac{2bd_i}{|d|^2\varepsilon^2}|\Omega|\\&\leqslant c_1\|u+g\varphi\|_{L^2}^2+c_2\|\varphi\|_{L^2}^2.\end{aligned}\tag{4.1.8}$$

其中

$$c_1=-\frac{cd_i}{2m|d|^2\lambda}+\frac{2ad_i}{|d|^2}-\frac{2d_i}{|d|^2U}+\frac{g(d_i+|d_r|)\varepsilon}{|d|^2U},\quad c_2=\frac{g(d_i+|d_r|)}{|d|^2U\varepsilon},$$

其中 λ 是 Poincaré 系数，ε 为任意正常数.

接下来,用方程(4.1.6)与 $\bar{\varphi}$ 做内积,两边取实部,可得

$$\frac{1}{2}\frac{\mathrm{d}}{\mathrm{d}t}\int|\varphi|^2\mathrm{d}x=\mathrm{Re}\left[\int\frac{\mathrm{i}g}{U}(u+g\varphi)\cdot\bar{\varphi}\mathrm{d}x\right].$$

令

$$\varphi=\varphi_1+\mathrm{i}\varphi_2,\quad u+g\varphi=g_1+\mathrm{i}g_2,$$

则有

$$\bar{\varphi}=\varphi_1-\mathrm{i}\varphi_2,\quad \overline{u+g\varphi}=g_1-\mathrm{i}g_2.$$

由已知条件知

$$g_1=\varphi_1=0\quad \text{或}\quad g_2=\varphi_2=0\quad \text{或}\quad \frac{g_1}{g_2}=\frac{\varphi_1}{\varphi_2},$$

可得

$$\frac{\mathrm{d}}{\mathrm{d}t}\int|\varphi|^2\mathrm{d}x=0.$$

利用 Gronwall 不等式,得

$$\|\varphi\|_{L^2}^2\leqslant\|\varphi_0\|_{L^2}^2. \tag{4.1.9}$$

结合估计式(4.1.8)与式(4.1.9),有

$$\frac{\mathrm{d}}{\mathrm{d}t}\|u+g\varphi\|_{L^2}^2\leqslant\left(c_1-\frac{4bd_{\mathrm{i}}}{|d|^2\varepsilon}\right)\|u+g\varphi\|_{L^2}^2+c_2\|\varphi_0\|_{L^2}^2+\frac{2bd_{\mathrm{i}}}{|d|^2\varepsilon^2}|\Omega|. \tag{4.1.10}$$

选取 ε 充分小,使得

$$c_1\leqslant\frac{4bd_{\mathrm{i}}}{|d|^2\varepsilon},$$

则有

$$\bar{c}_1=c_1-\frac{4bd_{\mathrm{i}}}{|d|^2\varepsilon}<0,\quad \bar{c}_2=c_2\|\varphi_0\|_{L^2}^2+\frac{2bd_{\mathrm{i}}}{|d|^2\varepsilon^2}|\Omega|>0.$$

利用 Gronwall 不等式,可得

$$\|u+g\varphi\|_{L^2}^2\leqslant\mathrm{e}^{\bar{c}_1t}\|u_0+g\varphi_0\|_{L^2}^2+\frac{1}{\bar{c}_1}(1-\mathrm{e}^{t\bar{c}_1})\bar{c}_2, \tag{4.1.11}$$

可推出

$$\|u\|_{L^2}^2\leqslant2\mathrm{e}^{\bar{c}_1t}\|u_0+g\varphi_0\|_{L^2}^2+\frac{2}{\bar{c}_1}(1-\mathrm{e}^{t\bar{c}_1})\bar{c}_2+2g^2\|\varphi_0\|_{L^2}^2,$$

定理得证.

定理 4.1.3　假设在定理 4.1.2 的条件下，又令 Poincaré 系数 $\lambda>0, a-\frac{1}{U}\leqslant 0$, $\sqrt{3}d_{\mathrm{i}}\geqslant|d_{\mathrm{r}}|$，则存在不依赖于时间变量 t 的常数 $c_3<0, c_4>0$，使得下列不等式成立：

$$\|\nabla u\|_{L^2}^2\leqslant 2\mathrm{e}^{c_3t}\|\nabla(u_0+g\varphi_0)\|_{L^2}^2+\frac{2}{c_3}(1-\mathrm{e}^{tc_3})c_4\|\nabla\varphi_0\|_{L^2}^2+2g^2\|\nabla\varphi_0\|_{L^2}^2,$$

$$\|\nabla\varphi\|_{L^2}^2\leqslant\|\nabla\varphi_0\|_{L^2}^2,$$

$$\overline{\lim_{t\to+\infty}}(\|\nabla u\|_{L^2}^2+\|\nabla\varphi\|_{L^2}^2)\leqslant\left(\frac{2c_4}{c_3}+2g^2+1\right)\|\nabla\varphi_0\|_{L^2}^2=E_2,$$

其中

$$c_3=-\frac{cd_{\mathrm{i}}}{2m|d|^2\lambda}+\frac{2ad_{\mathrm{i}}}{|d|^2}-\frac{2d_{\mathrm{i}}}{|d|^2U}+\frac{g(d_{\mathrm{i}}+|d_{\mathrm{r}}|)}{|d|^2U\varepsilon}<0,$$

$$c_4=\frac{g(d_{\mathrm{i}}+|d_{\mathrm{r}}|)\varepsilon}{|d|^2U}>0,$$

E_2 是与时间变量 t 无关的正常数.

证明　将方程(4.1.7)与 $-\Delta\overline{(u+g\varphi)}$ 做内积，分部积分并两边取实部，可得

$$\begin{aligned}
&\frac{1}{2}\frac{\mathrm{d}}{\mathrm{d}t}\|\nabla(u+g\varphi)\|_{L^2}^2\\
&=-\frac{cd_{\mathrm{i}}}{4m|d|^2}\|\nabla(u+g\varphi)\|_{L^2}^2+\left(\frac{ad_{\mathrm{i}}}{|d|^2}-\frac{d_{\mathrm{i}}}{|d|^2U}\right)\|\nabla(u+g\varphi)\|_{L^2}^2\\
&\quad+\mathrm{Re}\left[\int\frac{gd_{\mathrm{i}}}{|d|^2U}\nabla\overline{(u+g\varphi)}\cdot\nabla\varphi\mathrm{d}x\right]-\frac{gd_{\mathrm{r}}}{|d|^2U}\mathrm{Im}\left[\int\nabla\overline{(u+g\varphi)}\cdot\nabla\varphi\mathrm{d}x\right]\\
&\quad+\frac{bd_{\mathrm{i}}}{|d|^2}\mathrm{Re}\left[\int|u+g\varphi|^2(u+g\varphi)\cdot\Delta\overline{(u+g\varphi)}\mathrm{d}x\right]\\
&\quad-\frac{bd_{\mathrm{r}}}{|d|^2}\mathrm{Im}\left[\int|u+g\varphi|^2(u+g\varphi)\cdot\Delta\overline{(u+g\varphi)}\mathrm{d}x\right].
\end{aligned}\tag{4.1.12}$$

利用 Young 不等式，可得

$$\int\nabla\overline{(u+g\varphi)}\cdot\nabla\varphi\mathrm{d}x\leqslant\frac{1}{2}\left[\varepsilon\|\nabla(u+g\varphi)\|_{L^2}^2+\frac{1}{\varepsilon}\|\nabla\varphi\|_{L^2}^2\right].$$

由已知条件 $\sqrt{3}d_{\mathrm{i}}\geqslant|d_{\mathrm{r}}|$，结合引理 2.1.3，得估计式(4.1.12)右端最后两项的估计：

$$\frac{bd_{\mathrm{i}}}{|d|^2}\mathrm{Re}\left[\int|u+g\varphi|^2(u+g\varphi)\Delta\overline{(u+g\varphi)}\mathrm{d}x\right]$$

$$-\frac{bd_r}{|d|^2}\mathrm{Im}\left[\int |u+g\varphi|^2(u+g\varphi)\Delta\overline{(u+g\varphi)}\mathrm{d}x\right]$$

$$\leqslant\frac{b}{|d|^2}\left(\frac{|d_r|}{\sqrt{3}}-d_i\right)\mathrm{Re}\left[\int |u+g\varphi|^2(u+g\varphi)(-\Delta\overline{(u+g\varphi)})\mathrm{d}x\right]\leqslant 0,$$

其中倒数第二个不等号用到由引理 2.1.3 推导出的估计式

$$\mathrm{Re}\left[\int |u+g\varphi|^2(u+g\varphi)(-\Delta(\overline{u+g\varphi})\mathrm{d}x)\right]\geqslant 0.$$

将这些估计代入式(4.1.12),可得

$$\begin{aligned}\frac{1}{2}\frac{\mathrm{d}}{\mathrm{d}t}\|\nabla(u+g\varphi)\|_{L^2}^2\leqslant&-\frac{cd_i}{4m|d|^2}\|\Delta(u+g\varphi)\|_{L^2}^2\\&+\left(\frac{ad_i}{|d|^2}-\frac{d_i}{|d|^2U}\right)\|\nabla(u+g\varphi)\|_{L^2}^2\\&+\frac{g(d_i+|d_r|)}{2|d|^2U}\left(\varepsilon\|\nabla(u+g\varphi)\|_{L^2}^2+\frac{1}{\varepsilon}\|\nabla\varphi\|_{L^2}^2\right).\end{aligned}\tag{4.1.13}$$

利用 Poincaré 不等式,可得

$$\|\Delta(u+g\varphi)\|_{L^2}^2\geqslant\frac{1}{\lambda}\|\nabla(u+g\varphi)\|_{L^2}^2,$$

其中 λ 是 Poincaré 系数.

代入上式,可得

$$\begin{aligned}&\frac{\mathrm{d}}{\mathrm{d}t}\|\nabla(u+g\varphi)\|_{L^2}^2\\&\leqslant\left(-\frac{cd_i}{2m|d|^2\lambda}+\frac{2ad_i}{|d|^2}-\frac{2d_i}{|d|^2U}+\frac{g(d_i+|d_r|)\varepsilon}{|d|^2U}\right)\|\nabla(u+g\varphi)\|_{L^2}^2\\&\quad+\frac{g(d_i+|d_r|)}{|d|^2U\varepsilon}\|\nabla\varphi\|_{L^2}^2.\end{aligned}$$

取 ε 充分小,使得

$$c_3=-\frac{cd_i}{2m|d|^2\lambda}+\frac{2ad_i}{|d|^2}-\frac{2d_i}{|d|^2U}+\frac{g(d_i+d_r)\varepsilon}{|d|^2U}<0,\quad c_4=\frac{g(d_i+d_r)}{|d|^2U\varepsilon}.$$

则有

$$\frac{\mathrm{d}}{\mathrm{d}t}\|\nabla(u+g\varphi)\|_{L^2}^2\leqslant c_3\|\nabla\overline{(u+g\varphi)}\|_{L^2}^2+c_4\|\nabla\varphi\|_{L^2}^2.\tag{4.1.14}$$

接下来用方程(4.1.6)与$\Delta\overline{\varphi}$做内积,分部积分且两边取实部,可得

$$\frac{\mathrm{d}}{\mathrm{d}t}\|\nabla\varphi\|_{L^2}^2 = 2\mathrm{Re}\left[\frac{\mathrm{i}g}{U}\int \nabla(u+g\varphi)\nabla\bar{\varphi}\mathrm{d}x\right].$$

由已知条件知

$$g_1 = \varphi_1 = 0 \quad 或 \quad g_2 = \varphi_2 = 0 \quad 或 \quad \frac{\nabla g_1}{\nabla g_2} = \frac{\nabla\varphi_1}{\nabla\varphi_2},$$

代入上式,可得

$$\frac{\mathrm{d}}{\mathrm{d}t}\|\nabla\varphi\|_{L^2}^2 = 0.$$

利用 Gronwall 不等式,可得

$$\|\nabla\varphi\|_{L^2}^2 \leqslant \|\nabla\varphi_0\|_{L^2}^2, \tag{4.1.15}$$

结合估计式(4.1.14)和式(4.1.15)可得

$$\frac{\mathrm{d}}{\mathrm{d}t}\|\nabla(u+g\varphi)\|_{L^2}^2 \leqslant c_3\|\nabla(u+g\varphi)\|_{L^2}^2 + c_4\|\nabla\varphi_0\|_{L^2}^2. \tag{4.1.16}$$

利用 Gronwall 不等式,可得

$$\|\nabla(u+g\varphi)\|_{L^2}^2 \leqslant \mathrm{e}^{c_3 t}\|\nabla(u_0+g\varphi_0)\|_{L^2}^2 + \frac{1}{c_3}(1-\mathrm{e}^{tc_3})c_4\|\nabla\varphi_0\|_{L^2}^2. \tag{4.1.17}$$

于是

$$\|\nabla u\|_{L^2}^2 \leqslant 2\mathrm{e}^{c_3 t}\|\nabla(u_0+g\varphi_0)\|_{L^2}^2 + \frac{2}{c_3}(1-\mathrm{e}^{tc_3})c_4\|\nabla\varphi_0\|_{L^2}^2 + 2g^2\|\nabla\varphi_0\|_{L^2}^2.$$

定理得证.

定理 4.1.4　假设初边值问题(4.1.1)～(4.1.4)的弱解满足定理 4.1.3 的条件,且 $N=3$,则初边值问题(4.1.1)～(4.1.4)的弱解具有如下性质:

$$(u+g\varphi)_t \in L^\infty([0,+\infty),L^2(\Omega)), \quad \varphi_t \in L^\infty([0,+\infty),L^2(\Omega)).$$

证明　由估计式(4.1.11)和式(4.1.17)可得

$$\|(u+g\varphi)\|_{L^2}^2 \leqslant c_5, \quad \|\nabla(u+g\varphi)\|_{L^2}^2 \leqslant c_6,$$

又由不等式(4.1.10)和式(4.1.16)知

$$\frac{\mathrm{d}}{\mathrm{d}t}\|(u+g\varphi)\|_{L^2}^2 \leqslant c_7, \quad \frac{\mathrm{d}}{\mathrm{d}t}\|\nabla(u+g\varphi)\|_{L^2}^2 \leqslant c_8, \tag{4.1.18}$$

其中 $c_7 \leqslant \bar{c}_1 c_5 + \bar{c}_2, c_8 \leqslant c_3 c_6 + c_4\|\nabla\varphi_0\|_{L^2}^2$.

当 $N=3$ 时,利用 Sobolev 嵌入定理,得

$$\|(u+g\varphi)\|_{L^6}^6 \leqslant c_9(\|u+g\varphi\|_{L^2}^2 + \|\nabla(u+g\varphi)\|_{L^2}^2) \leqslant c_9(c_5+c_6), \tag{4.1.19}$$

记

$$c_{10} = c_9(c_5 + c_6),$$

则有

$$\|(u + g\varphi)\|_{L^6}^6 \leqslant c_{10},$$

这里 $c_5, c_6, c_7, c_8, c_9, c_{10}$ 均为正常数,然后将方程(4.1.7)与 $\overline{(u+g\varphi)}_t$ 做内积,两边取实部,可得

$$\begin{aligned}
\|(u + g\varphi)_t\|_{L^2}^2 = & -\frac{cd_{\mathrm{i}}}{8m|d|^2}\cdot\frac{\mathrm{d}}{\mathrm{d}t}\|\nabla(u + g\varphi)\|_{L^2}^2 \\
& -\frac{cd_{\mathrm{r}}}{4m|d|^2}\mathrm{Im}\left[\int\Delta(u + g\varphi)\cdot\overline{(u + g\varphi)}_t\mathrm{d}x\right] \\
& +\left(\frac{ad_{\mathrm{i}}}{2|d|^2} - \frac{d_{\mathrm{i}}}{2|d|^2U}\right)\frac{\mathrm{d}}{\mathrm{d}t}\|u + g\varphi\|_{L^2}^2 \\
& -\left(\frac{ad_{\mathrm{r}}}{|d|^2} - \frac{d_{\mathrm{r}}}{|d|^2U}\right)\mathrm{Im}\left[\int(u + g\varphi)\cdot\overline{(u + g\varphi)}_t\mathrm{d}x\right] \\
& +\frac{gd_{\mathrm{i}}}{|d|^2U}\mathrm{Re}\left[\int\varphi\cdot\overline{(u + g\varphi)}_t\mathrm{d}x\right] - \frac{gd_{\mathrm{r}}}{|d|^2U}\mathrm{Im}\left[\int\varphi\cdot\overline{(u + g\varphi)}_t\mathrm{d}x\right] \\
& -\frac{bd_{\mathrm{i}}}{|d|^2}\mathrm{Re}\left[\int|u + g\varphi|^2(u + g\varphi)\cdot\overline{(u + g\varphi)}_t\mathrm{d}x\right] \\
& +\frac{bd_{\mathrm{r}}}{|d|^2}\mathrm{Im}\left[\int|u + g\varphi|^2(u + g\varphi)\cdot\overline{(u + g\varphi)}_t\mathrm{d}x\right].
\end{aligned}$$

利用Young不等式,得

$$\begin{aligned}
\|(u + g\varphi)_t\|_{L^2}^2 \leqslant & -\frac{cd_{\mathrm{i}}}{8m|d|^2}\cdot\frac{\mathrm{d}}{\mathrm{d}t}\|\nabla(u + g\varphi)\|_{L^2}^2 \\
& +\left|\frac{cd_{\mathrm{r}}}{8m|d|^2}\right|\left|\frac{1}{\varepsilon}\|\Delta(u + g\varphi)\|_{L^2}^2 + \varepsilon\|\overline{(u + g\varphi)}_t\|_{L^2}^2\right| \\
& +\left(\frac{ad_{\mathrm{i}}}{2|d|^2} - \frac{d_{\mathrm{i}}}{2|d|^2U}\right)\frac{\mathrm{d}}{\mathrm{d}t}\|u + g\varphi\|_{L^2}^2 \\
& +\left(\frac{a|d_{\mathrm{r}}|}{2|d|^2} + \frac{|d_{\mathrm{r}}|}{2|d|^2U}\right)\left|\varepsilon\|\overline{(u + g\varphi)}_t\|_{L^2}^2 + \frac{1}{\varepsilon}\|(u + g\varphi)\|_{L^2}^2\right| \\
& +\left|\frac{gd_{\mathrm{i}}}{2|d|^2U} + \frac{gd_{\mathrm{r}}}{2|d|^2U}\right|\left|\frac{1}{\varepsilon}\|\varphi\|_{L^2}^2 + \varepsilon\|\overline{(u + g\varphi)}_t\|_{L^2}^2\right| \\
& +\left|\frac{bd_{\mathrm{i}}}{2|d|^2} + \frac{bd_{\mathrm{r}}}{2|d|^2}\right|\left[\varepsilon\|\overline{(u + g\varphi)}_t\|_{L^2}^2 + \frac{1}{\varepsilon}\|(u + g\varphi)\|_{L^6}^6\right].
\end{aligned}$$

移项整理,可得

$$\left(1-\left|\frac{cd_{\mathrm{r}}\varepsilon}{8m|d|^2}\right|-\left(\frac{a|d_{\mathrm{r}}|\varepsilon}{2|d|^2}+\frac{|d_{\mathrm{r}}|\varepsilon}{2|d|^2U}\right)-\left|\frac{g(d_{\mathrm{i}}+d_{\mathrm{r}})\varepsilon}{2|d|^2U}\right|\right.$$
$$\left.-\left|\frac{bd_{\mathrm{i}}\varepsilon}{2|d|^2}+\frac{bd_{\mathrm{r}}\varepsilon}{2|d|^2}\right|\right)\|(u+g\varphi)_t\|_{L^2}^2$$
$$\leqslant\frac{cd_{\mathrm{i}}}{8m|d|^2}\cdot\frac{\mathrm{d}}{\mathrm{d}t}\|\nabla(u+g\varphi)\|_{L^2}^2+\left|\frac{cd_{\mathrm{r}}}{8m|d|^2}\right|\frac{1}{\varepsilon}\|\Delta(u+g\varphi)\|_{L^2}^2$$
$$+\left(\frac{ad_{\mathrm{i}}}{2|d|^2}-\frac{d_{\mathrm{i}}}{2|d|^2U}\right)\frac{d}{dt}\|(u+g\varphi)\|_{L^2}^2$$
$$+\left(\frac{a|d_{\mathrm{r}}|}{2|d|^2}+\frac{|d_{\mathrm{r}}|}{2|d|^2U}\right)\frac{1}{\varepsilon}\|(u+g\varphi)\|_{L^2}^{2\,2}$$
$$+\left|\frac{gd_{\mathrm{i}}}{2|d|^2U}+\frac{gd_{\mathrm{r}}}{2|d|^2U}\right|\frac{1}{\varepsilon}\|\varphi\|_{L^2}^2$$
$$+\left|\frac{bd_{\mathrm{i}}}{2|d|^2}+\frac{bd_{\mathrm{r}}}{2|d|^2}\right|\frac{1}{\varepsilon}\|(u+g\varphi)\|_{L^6}^6. \tag{4.1.20}$$

要估计式(4.1.20),还需要得到有关$\|\Delta(u+g\varphi)\|_{L^2}^2$的估计.

由式(4.1.13),可知

$$\frac{cd_{\mathrm{i}}}{4m|d|^2}\|\Delta(u+g\varphi)\|_{L^2}^2\leqslant\left(\frac{ad_{\mathrm{i}}}{|d|^2}-\frac{d_{\mathrm{i}}}{|d|^2U}+\frac{g(d_{\mathrm{i}}+|d_{\mathrm{r}}|)\varepsilon}{2|d|^2U}\right)\|\nabla(u+g\varphi)\|_{L^2}^2$$
$$+\frac{g(d_{\mathrm{i}}+|d_{\mathrm{r}}|)}{2|d|^2U\varepsilon}\|\nabla\varphi\|_{L^2}^2-\frac{1}{2}\frac{\mathrm{d}}{\mathrm{d}t}\|\nabla(u+g\varphi)\|_{L^2}^2$$
$$\leqslant\left[\frac{ad_{\mathrm{i}}}{|d|^2}-\frac{d_{\mathrm{i}}}{|d|^2U}+\frac{g(d_{\mathrm{i}}+|d_{\mathrm{r}}|)\varepsilon}{2|d|^2U}\right]\|\nabla(u+g\varphi)\|_{L^2}^2$$
$$+\frac{g(d_{\mathrm{i}}+|d_{\mathrm{r}}|)}{2|d|^2U\varepsilon}\|\nabla\varphi\|_{L^2}^2+\frac{1}{2}\left|\frac{\mathrm{d}}{\mathrm{d}t}\|\nabla(u+g\varphi)\|_{L^2}^2\right|$$

注意到$\frac{cd_{\mathrm{i}}}{4m|d|^2}>0$,由定理 4.1.3 及估计式(4.1.18),可知

$$\|\Delta(u+g\varphi)\|_{L^2}^2\leqslant c_{11}, \tag{4.1.21}$$

其中 c_{11}是与时间变量 t 无关的常数.

在估计式(4.1.20)中,结合估计式(4.1.18)、式(4.1.19)、式(4.1.21)以及定理 4.1.2 和定理 4.1.3 的结果可得

$$\left[1-\left|\frac{cd_{\mathrm{r}}\varepsilon}{8m|d|^2}\right|-\left(\frac{a|d_{\mathrm{r}}|\varepsilon}{2|d|^2}+\frac{|d_{\mathrm{r}}|\varepsilon}{2|d|^2U}\right)\right.$$

$$
\begin{aligned}
&- \left|\frac{gd_{\mathrm{i}}\varepsilon}{2|d|^2U}+\frac{gd_{\mathrm{r}}\varepsilon}{2|d|^2U}\right| \\
&- \left(\frac{b|d_{\mathrm{i}}|\varepsilon}{2|d|^2}+\frac{b|d_{\mathrm{r}}|\varepsilon}{2|d|^2}\right)\Bigg]\|(u+g\varphi)_t\|_{L^2}^2 \\
\leqslant{}& c_{12}.
\end{aligned}
$$

其中 c_{12} 是与时间变量 t 无关的常数.

选取 ε 充分小,使得

$$
1-\left|\frac{cd_{\mathrm{r}}\varepsilon}{8m|d|^2}\right|-\left(\frac{a|d_{\mathrm{r}}|\varepsilon}{2|d|^2}+\frac{|d_{\mathrm{r}}|\varepsilon}{2|d|^2U}\right)-\left(\frac{gd_{\mathrm{i}}\varepsilon}{2|d|^2U}+\frac{g|d_{\mathrm{r}}|\varepsilon}{2|d|^2U}\right)
$$
$$
-\left(\frac{b|d_{\mathrm{i}}|\varepsilon}{2|d|^2}+\frac{b|d_{\mathrm{r}}|\varepsilon}{2|d|^2}\right)>0.
$$

则有

$$
\|(u+g\varphi)_t\|_{L^2}^2\leqslant c_{13},
$$

其中 c_{13} 是与时间变量 t 无关的常数,即

$$
(u+g\varphi)_t\in L^\infty([0,+\infty),L^2(\Omega)).
$$

接下来对 $\||\varphi_t|\|_{L^2}^2$ 进行估计,需要先得到有关 $\|\nabla^2\varphi\|_{L^2}^2$ 的估计.

将方程(4.1.6)与 $\nabla^4\bar{\varphi}$ 做内积,分部积分,两边取实部,可得

$$
\frac{1}{2}\frac{\mathrm{d}}{\mathrm{d}t}\|\Delta\varphi\|_{L^2}^2=\mathrm{Re}\left[\frac{\mathrm{i}g}{U}\int\Delta(u+g\varphi)\Delta\bar{\varphi}\mathrm{d}x\right].
$$

由已知条件知

$$
g_1=\varphi_1=0\quad 或\quad g_2=\varphi_2=0\quad 或\quad \frac{\Delta g_1}{\Delta g_2}=\frac{\Delta\varphi_1}{\Delta\varphi_2},
$$

则有

$$
\frac{\mathrm{d}}{\mathrm{d}t}\|\Delta\varphi\|_{L^2}^2=0.
$$

利用 Gronwall 不等式,得

$$
\|\Delta\varphi\|_{L^2}^2\leqslant\|\Delta\varphi_0\|_{L^2}^2. \tag{4.1.22}
$$

现在用方程(4.1.6)与 $\overline{\varphi_t}$ 做内积,两边同时取实部,可得

$$
\begin{aligned}
\|\varphi_t\|_{L^2}^2={}&\mathrm{Re}\left[\frac{\mathrm{i}g}{U}\int(u+g\varphi)\bar{\varphi}_t\mathrm{d}x\right]+\mathrm{Im}\left[(2\nu-2\mu)\int\varphi\cdot\bar{\varphi}_t\mathrm{d}x\right]\\
&+\mathrm{Im}\left[\frac{g^2}{U}\int\varphi\cdot\bar{\varphi}_t\mathrm{d}x\right]-\mathrm{Im}\left[\frac{1}{4m}\int\Delta\varphi\cdot\bar{\varphi}_t\mathrm{d}x\right].
\end{aligned}
$$

利用 Young 不等式，得

$$\begin{aligned}\|\varphi_t\|_{L^2}^2 \leqslant & \left|\frac{g}{U}\right|\int |u+g\varphi|\cdot|\varphi_t|\,\mathrm{d}x + |2\nu-2\mu|\int|\varphi|\cdot|\varphi_t|\,\mathrm{d}x \\ & + \left|\frac{g^2}{U}\right|\int|\varphi|\cdot|\varphi_t|\,\mathrm{d}x + \frac{1}{4m}\int|\Delta\varphi|\cdot|\varphi_t|\,\mathrm{d}x \\ \leqslant & \left|\frac{g}{U}\right|\left(\frac{\varepsilon}{2}\|\varphi_t\|_{L^2}^2 + \frac{1}{2\varepsilon}\|u+g\varphi\|_{L^2}^2\right) + |2\nu-2\mu|\left(\frac{\varepsilon}{2}\|\varphi_t\|_{L^2}^2 + \frac{1}{2\varepsilon}\|\varphi\|_{L^2}^2\right) \\ & + \left|\frac{g^2}{U}\right|\left(\frac{\varepsilon}{2}\|\varphi_t\|_{L^2}^2 + \frac{1}{2\varepsilon}\|\varphi\|_{L^2}^2\right) + \frac{1}{4m}\left(\frac{\varepsilon}{2}\|\varphi_t\|_{L^2}^2 + \frac{1}{2\varepsilon}\|\Delta\varphi\|_{L^2}^2\right) \\ \leqslant & \left(\left|\frac{g}{U}\right| + |\nu-\mu| + \left|\frac{g^2}{U}\right| + \frac{1}{8m}\right)\varepsilon\|\varphi_t\|_{L^2}^2 + \frac{g}{2\varepsilon U}\|u+g\varphi\|_{L^2}^2 \\ & + \left(|\nu-\mu| + \frac{g^2}{2U}\right)\cdot\frac{1}{\varepsilon}\|\varphi\|_{L^2}^2 + \frac{1}{8m\varepsilon}\|\Delta\varphi\|_{L^2}^2.\end{aligned}$$

结合估计式(4.1.22)及定理 4.1.2 的结果，整理得

$$1-\left(\left|\frac{g}{2U}\right| + |\nu-\mu| + \left|\frac{g^2}{2U}\right| + \frac{1}{8m}\right)\varepsilon\|\varphi_t\|_{L^2}^2 \leqslant G_1 + G_2,$$

其中

$$G_1 = \left|\frac{g}{U}\right|\cdot\frac{1}{2\varepsilon}\|u+g\varphi\|_{L^2}^2 = \frac{gc_5}{2\varepsilon U}$$

$$\begin{aligned}G_2 &= |\nu-\mu|\cdot\frac{1}{\varepsilon}\|\varphi\|_{L^2}^2 + \left|\frac{g^2}{U}\right|\cdot\frac{1}{2\varepsilon}\|\varphi\|_{L^2}^2 + \frac{1}{8m\varepsilon}\|\Delta\varphi\|_{L^2}^2 \\ &= \left(|\nu-\mu|\cdot\frac{1}{\varepsilon} + \left|\frac{g^2}{U}\right|\cdot\frac{1}{2\varepsilon}\right)\|\varphi\|_{L^2}^2 + \frac{1}{8m\varepsilon}\|\Delta\varphi\|_{L^2}^2.\end{aligned}$$

利用式(4.1.12)，可得

$$G_2 \leqslant \left(\frac{|\nu-\mu|}{\varepsilon} + \frac{g^2}{2\varepsilon U}\right)\|\varphi_0\|_{L^2}^2 + \frac{1}{8m\varepsilon}\|\Delta\varphi_0\|_{L^2}^2.$$

其中 G_1 与 G_2 是与时间变量 t 无关的正常数.

取 ε 充分小，使得

$$1-\left(\left|\frac{g}{2U}\right| + |\nu-\mu| + \left|\frac{g^2}{2U}\right| + \frac{1}{8m}\right)\varepsilon > 0,$$

则有

$$\varphi_t \in L^\infty([0,+\infty), L^2(\Omega)).$$

4.1.3 整体吸引子的存在性

最后利用已知的引理以及前面已经证明过的先验估计来推导初边值问题(4.1.1)～(4.1.4)吸引子的存在性.

定理 4.1.1 的证明 由定理4.1.2～4.1.4的结果可以发现,存在由初边值问题(4.1.1)～(4.1.4)的弱解生成的半群算子$\{S_t(t\geqslant 0)\}$,且该半群算子$\{S_t(t\geqslant 0)\}$满足定义2.1.5的性质.因此选取Banach空间为$E=H^{1,2}(\Omega)\times H^{1,2}(\Omega)$,使得$\|(u,\varphi)\|\in E$,$\|(u,\varphi)\|_E^2=\|u\|_{H^{1,2}}^2+\|\varphi\|_{H^{1,2}}^2$,且$S_t:E\to E$.由定理4.1.2～4.1.4的结论可见,存在半径为$|\|(u,\varphi)\|_E\leqslant R|$的球使$B_R\subset E$,存在$B\subset B_R$,且

$$\|u\|_{L^2}^2\leqslant W_1,\quad \|\nabla u\|_{L^2}^2\leqslant W_2,\quad \|\varphi\|_{L^2}^2\leqslant\|\varphi_0\|_{L^2}^2,\quad \|\nabla\varphi\|_{L^2}^2\leqslant\|\nabla\varphi_0\|_{L^2}^2$$

$$\begin{aligned}\|S_t(u_0,\varphi_0)\|_E^2&=\|u(\cdot,t)\|_{H^{1,2}}^2+\|\varphi(\cdot,t)\|_{H^{1,2}}^2\\&\leqslant K_1\|u_0(\cdot,t)\|_{H^{1,2}}^2+K_2\|\varphi_0(\cdot,t)\|_{H^{1,2}}^2+K_3\\&\leqslant K_4R^2+K_5\quad(t\geqslant 0,(u_0,\varphi_0)\in B),\end{aligned}$$

其中$K_1=\max\{W_1,W_2\}$,$K_2=\max\{\|\varphi_0\|_{L^2}^2,\|\nabla\varphi_0\|_{L^2}^2\}$.且$W_1,W_2,K_1,K_2,K_3,K_4,K_5$均为与时间变量$t$无关的正常数.这意味着$S_t$在$E$中一致有界,满足引理2.1.1中的条件(1).

其次,从定理4.1.2～4.1.4的结果,可以得到

$$\begin{aligned}\|S_t(u(x,t),\varphi(x,t))\|_E^2&=\|u(\cdot,t)\|_{H^{1,2}}^2+\|\varphi(\cdot,t)\|_{H^{1,2}}^2\\&\leqslant 2(E_1+E_2)\quad(\forall\, t\geqslant t_0).\end{aligned}$$

因此有

$$\bar{A}=\{(u,\varphi)\in E,\|(u,\varphi)\|_E\leqslant 2(E_1+E_2)\}.$$

是半群算子S_t的有界吸收集,且在$H^{1,2}$中存在弱紧性,则引理2.1.1中的条件(2)得证.

最后,当$t>0$时,

$$\overline{\lim_{t\to+\infty}}(\|u\|_{L^2}^2+\|\varphi\|_{L^2}^2)\leqslant(1+2g)\|\varphi_0\|_{L^2}^2+\frac{2\bar{c}_2}{\bar{c}_1}=E_1,$$

$$\overline{\lim_{t\to+\infty}}(\|\nabla u\|_{L^2}^2+\|\nabla\varphi\|_{L^2}^2)\leqslant\left(\frac{2c_4}{c_3}+2g+1\right)\|\nabla\varphi_0\|_{L^2}^2=E_2.$$

故当$t>0$时,S_t为全连续算子,引理2.1.1中条件(3)满足.

于是,利用引理2.1.1可得,初边值问题(4.1.1)～(4.1.4)的弱解生成的半群

算子 S_t 具有紧的整体吸引子 $A=\bigcap_{\tau\geqslant 0}\overline{\bigcup_{t\geqslant\tau}S_tA}$.

定理 4.1.1 得证.

4.2 在非平衡态下 BCS - BEC 跨越间的金兹堡-朗道理论

4.2.1 非平衡态下的金兹堡-朗道理论及主要结果

在非平衡态下,BCS - BEC 跨越间的数学模型所呈现的金兹堡-朗道理论具体表示如下:

$$-\mathrm{i}du_t=-\left(\frac{dg^2+1}{U}+a\right)u+g[a+d(2v-2\mu)]\varphi+\frac{c}{4m}\Delta u+\frac{g}{4m}(c-d)\Delta\varphi-|u+g\varphi|^p(u+g\varphi), \tag{4.2.1}$$

$$\mathrm{i}\varphi_t=-\frac{g}{U}u+(2v-2\mu)\varphi-\frac{1}{4m}\Delta\varphi, \tag{4.2.2}$$

$$u(x,0)=u_0(x),\quad \varphi(x,0)=\varphi_0(x)\quad (x\in\Omega). \tag{4.2.3}$$

$$u(x,t)=0,\quad \varphi(x,t)=0\quad ((t,x)\in[0,\infty)\times\partial\Omega). \tag{4.2.4}$$

其中 Ω 是 $\mathbf{R}^n$ 中一个有界域,$t\geqslant 0$. a,b,c,g,U,d 和 m,v,μ 都是耦合系数,d 通常是复数 $d=d_r+\mathrm{i}d_i$,且 $|d|^2=d_r^2+d_i^2$,$p\geqslant\frac{2(d_i^2+d_i|d|)}{d_r^2}$.通过对这个初边值问题的分析和探讨,得到如下结果:

定理 4.2.1 假设 $u(x,t),\varphi(x,t)$ 是初边值问题(4.2.1)~(4.2.4)的弱解,耦合系数 a,b,c,m 和 U 都是正数,且 d 通常是复数,$d=d_r+\mathrm{i}d_i$ 且 $|d|^2=d_r^2+d_i^2$,$p\geqslant\frac{2(d_i^2+d_i|d|)}{d_r^2}$,且 $d_i\geqslant 0$,$a-\frac{1}{U}\leqslant 0$,$u_0(x)\in H^{2,2}(\Omega)$,$\varphi_0(x)\in H^{2,2}(\Omega)$,令 $u(x,t)+g\varphi(x,t)=g_1(x,t)+\mathrm{i}g_2(x,t)$,$\varphi(x,t)=\varphi_1(x,t)+\mathrm{i}\varphi_2(x,t)$.如果满足下列条件之一:

(1) $g_1=\varphi_1=0$;

(2) $g_2=\varphi_2=0$；

(3) $\dfrac{g_1}{g_2}=\dfrac{\varphi_1}{\varphi_2},\dfrac{\nabla g_1}{\nabla g_2}=\dfrac{\nabla\varphi_1}{\nabla\varphi_2},\dfrac{\Delta g_1}{\Delta g_2}=\dfrac{\Delta\varphi_1}{\Delta\varphi_2}$.

则初边值问题(4.2.1)～(4.2.4)存在整体吸引子 A，且吸引子具有如下性质：

(ⅰ) $S_tA=A(t\in\mathbf{R}^+)$；

(ⅱ) $\lim\limits_{t\to\infty}(S_tB,A)=0$，对任何有界算子 $B\subset H^{1,2}(\Omega)$.

这里 $\operatorname{dist}(S_tB,A)=\sup\limits_{x\in B}\inf\limits_{y\in A}\|S_tx-y\|_E$，$S_t$ 是由初边值问题(4.2.1)～(4.2.4)的弱解所生成的半群算子，且吸引子 A 为

$$A=\bigcap_{\tau\geqslant 0}\overline{\bigcup_{\tau\geqslant r}S_tA}.$$

4.2.2　先验估计

建立适当形式的先验估计，既是主要结果证明的需要，也是证明整体吸引子存在性的关键.为此，需先将方程(4.2.1)、(4.2.2)改写成如下形式：

$$|u+g\varphi|_t=\frac{\mathrm{i}c}{4md}\Delta(u+g\varphi)+\frac{\mathrm{i}}{d}\left(a-\frac{1}{U}\right)(u+g\varphi)$$

$$+\frac{\mathrm{i}g}{dU}\varphi-\frac{\mathrm{i}b}{d}|u+g\varphi|^p(u+g\varphi),\tag{4.2.5}$$

$$\varphi_t=\frac{\mathrm{i}g}{U}u-\mathrm{i}(2\upsilon-2\mu)\varphi+\frac{\mathrm{i}}{4m}\Delta\varphi.\tag{4.2.6}$$

现在，我们可以在 L^2 空间进行有关 $u(x,t)$ 和 $\varphi(x,t)$ 的先验估计.

定理4.2.2　令耦合系数 $b>0,d_{\mathrm{i}}>0,m>0,c>0,U>0,a-\dfrac{1}{U}\leqslant 0,v,\mu$ 是实数，假设 $u(x,t),\varphi(x,t)$ 是初边值问题(4.2.1)～(4.2.4)的弱解，且 $u_0(x)\in H^{2,2}(\Omega)$，$\varphi_0(x)\in H^{2,2}(\Omega)$，并令 $u+g\varphi=g_1+\mathrm{i}g_2$，$\varphi=\varphi_1+\mathrm{i}\varphi_2$，若弱解 $u(x,t),\varphi(x,t)$ 满足下列三个条件之一：

(1) $g_1=\varphi_1=0$；

(2) $g_2=\varphi_2=0$；

(3) $\dfrac{g_1}{g_2}=\dfrac{\varphi_1}{\varphi_2},\dfrac{\nabla g_1}{\nabla g_2}=\dfrac{\nabla\varphi_1}{\nabla\varphi_2},\dfrac{\Delta g_1}{\Delta g_2}=\dfrac{\Delta\varphi_1}{\Delta\varphi_2}$.

则下列估计成立：

$$\|u\|^2\leqslant 2\mathrm{e}^{C_1t}\|u_0+g\varphi_0\|^2+2\left[\frac{C_2}{C_1}(1-\mathrm{e}^{C_1t})+g^2\right]\|\varphi_0\|^2,$$

$$\lim_{t\to+\infty}(\|u\|^2+\|\varphi\|^2)\leqslant\left(\frac{2C_2}{C_1}+2g^2+1\right)\|\varphi_0\|^2=E_1.$$

其中

$$C_1=-\frac{cd_i}{2m\ |d|^2\lambda}+\frac{|g|\varepsilon}{|d|U}+\frac{2d_i}{|d|^2}\left(a-\frac{1}{U}\right)<0,$$

$$C_2=\frac{|g|}{2|d|U\varepsilon}>0,$$

$$E_1=\left(\frac{2C_2}{C_1}+2g^2+1\right)\|\varphi_0\|^2$$

均是不依赖于时间变量 t 的常数，λ 是 Poincaré 的系数.

证明 在 $H^{1,2}(\Omega)$中，用方程(4.2.5)与$\overline{u+g\varphi}$做内积，并且取实部可得

$$\frac{1}{2}\frac{\mathrm{d}}{\mathrm{d}t}\|u+g\varphi\|^2=-\frac{cd_i}{4m\ |d|^2}\int|\nabla(u+g\varphi)|^2\mathrm{d}x+\frac{d_i}{|d|^2}\left(a-\frac{1}{U}\right)\|u+g\varphi\|^2$$
$$+\mathrm{Re}\left[\frac{\mathrm{i}g}{dU}\int\varphi\ \overline{(u+g\varphi)}\mathrm{d}x\right]-\frac{bd_i}{|d|^2}\int|u+g\varphi|^{p+2}\mathrm{d}x.$$

利用 Poincaré 不等式，可得

$$\int|\nabla(u+g\varphi)|^2\mathrm{d}x\geqslant\frac{1}{\lambda}\int(u+g\varphi)^2\mathrm{d}x,$$

且注意到$\frac{bd_i}{|d|^2}\geqslant 0$，由 Young 不等式可以发现

$$\frac{1}{2}\frac{\mathrm{d}}{\mathrm{d}t}\|u+g\varphi\|^2$$
$$\leqslant-\frac{cd_i}{4m\ |d|^2\lambda}\|u+g\varphi\|^2+\frac{d_i}{|d|^2}\left(a-\frac{1}{U}\right)\|u+g\varphi\|^2$$
$$+\frac{|g|}{|d|U}\int|\varphi|.|u+g\varphi|\mathrm{d}x$$
$$\leqslant-\frac{cd_i}{4m\ |d|^2\lambda}\|u+g\varphi\|^2+\frac{d_i}{|d|^2}\left(a-\frac{1}{U}\right)\|u+g\varphi\|^2$$
$$+\frac{|g|\varepsilon}{2|d|U}\|u+g\varphi\|^2+\frac{|g|}{2|d|U\varepsilon}\|\varphi\|^2$$
$$\leqslant\left[-\frac{cd_i}{4m\ |d|^2\lambda}+\frac{|g|\varepsilon}{2|d|U}+\frac{d_i}{|d|^2}\left(a-\frac{1}{U}\right)\right]\|u+g\varphi\|^2+\frac{|g|}{2|d|U\varepsilon}\|\varphi\|^2$$
$$\leqslant\frac{1}{2}C_1\|u+g\varphi\|^2+\frac{1}{2}C_2\|\varphi\|^2,\tag{4.2.7}$$

选取 ε 足够小,使得

$$C_1 = -\frac{cd_i}{2m|d|^2\lambda} + \frac{|g|\varepsilon}{|d|U} + \frac{2d_i}{|d|^2}\left(a - \frac{1}{U}\right) < 0,$$

这里 $a - \frac{1}{U} < 0$,且 λ 是 Poincaré 的系数

$$C_2 = \frac{|g|}{2|d|U\varepsilon} > 0.$$

这意味着不等式(4.2.7)可改写为

$$\frac{d}{dt}\|u + g\varphi\|^2 \leqslant C_1\|u + g\varphi\|^2 + C_2\|\varphi\|^2 \quad (C_1 < 0, C_2 > 0). \tag{4.2.8}$$

为了完成 $\|u + g\varphi\|^2$ 的估计,我们必须先估计 $\|\varphi\|^2$.

将方程(4.2.6)与 $\bar{\varphi}$ 做内积,分部积分,并取实部,可得

$$\frac{1}{2}\frac{d}{dt}\int|\varphi|^2 dx = \mathrm{Re}\left[\int\frac{ig}{U}(u + g\varphi)\bar{\varphi}dx\right].$$

令

$$\varphi = \varphi_1 + i\varphi_2, \quad u + g\varphi = g_1 + ig_2,$$

则有

$$\bar{\varphi} = \varphi_1 - i\varphi_2, \quad \overline{u + g\varphi} = g_1 - ig_2.$$

根据给定的条件,可知弱解 $u(x,t)$,$\varphi(x,t)$满足条件:

$$g_1 = \varphi_1 = 0 \quad 或 \quad g_2 = \varphi_2 = 0 \quad 或 \quad \frac{g_1}{g_2} = \frac{\varphi_1}{\varphi_2},$$

代入积分式中,得

$$\mathrm{Re}\left[\int\frac{ig}{U}(u + g\varphi)\bar{\varphi}dx\right] = 0.$$

这意味着

$$\frac{d}{dt}\int|\varphi|^2 dx = 0.$$

利用 Gronwall 不等式,可得

$$\|\varphi\|^2 \leqslant \|\varphi_0\|^2. \tag{4.2.9}$$

结合不等式(4.2.8)和式(4.2.9),可得

$$\frac{d}{dt}\|u + g\varphi\|^2 \leqslant C_1\|u + g\varphi\|^2 + C_2\|\varphi_0\|^2.$$

再次利用 Gronwall 不等式,可知对不依赖于时间变量的常数 $C_1<0$, $C_2>0$,有

$$\|u+g\varphi\|^2\leqslant e^{C_1t}\|u_0+g\varphi_0\|^2+\frac{C_2}{C_1}(1-e^{C_1t})\|\varphi_0\|^2.$$

整理得

$$\|u\|^2\leqslant 2e^{C_1t}\|u_0+g\varphi_0\|^2+2\left[\frac{C_2}{C_1}(1-e^{C_1t})+g^2\right]\|\varphi_0\|^2. \quad (4.2.10)$$

结合估计式(4.2.9)和式(4.2.10),可得

$$\lim_{t\to+\infty}(\|u\|^2+\|\varphi\|^2)\leqslant\left(\frac{2C_2}{C_1}+2g^2+1\right)\|\varphi_0\|^2=E_1.$$

定理 4.2.3 假设 $u(x,t)$, $\varphi(x,t)$是初边值问题(4.2.1)~(4.2.4)的弱解,耦合系数 $a>0$, v, μ 是实数, $m>0$, $c>0$, $b>0$, $d_{\mathrm{i}}>0$, $a-\frac{1}{U}<0$, $p\geqslant\frac{2(d_{\mathrm{i}}^2+d_{\mathrm{i}}|d|)}{d_{\mathrm{r}}^2}$,则存在不依赖于时间变量 t 的常数 $C_3<0$, $C_4>0$,使得下列不等式成立:

$$\|\nabla u\|^2\leqslant 2e^{C_3t}\|\nabla(u_0+g\varphi_0)\|^2+2\left[\frac{C_4}{C_3}(1-2e^{C_3t})+g^2\right]\|\nabla\varphi_0\|^2,$$

$$\|\nabla\varphi\|^2\leqslant\|\nabla\varphi_0\|^2,$$

$$\lim_{t\to+\infty}(\|\nabla u\|^2+\|\nabla\varphi\|^2)\leqslant\left(\frac{2C_4}{C_3}+2g^2+1\right)\|\nabla\varphi_0\|^2=E_2.$$

其中常数

$$C_3=-\frac{cd_{\mathrm{i}}}{2m|d|^2\lambda}+\frac{2d_{\mathrm{i}}}{|d|^2}\left(a-\frac{1}{U}\right)+\frac{|g|}{|d|U}\varepsilon<0 \quad (\lambda \text{ 是 Poincaré 的系数}),$$

$$C_4=\frac{|g|}{|d|U\varepsilon}>0,$$

且 $E_2=\left(\frac{2C_4}{C_3}+2g^2+1\right)\|\nabla\varphi_0\|^2$ 均是不依赖于时间变量 t 的常数.

证明 将方程(4.2.5)与 $-\Delta\overline{(u+g\varphi)}$ 做内积并取实部,可得

$$\frac{1}{2}\frac{\mathrm{d}}{\mathrm{d}t}\|\nabla(u+g\varphi)\|^2=-\frac{cd_{\mathrm{i}}}{4m|d|^2}\|\nabla(u+g\varphi)\|^2+\frac{d_{\mathrm{i}}}{|d|^2}\left(a-\frac{1}{U}\right)\|\nabla(u+g\varphi)\|^2$$
$$+\mathrm{Re}\left[\frac{\mathrm{i}g}{dU}\int\nabla\varphi\cdot\nabla\overline{(u+g\varphi)}\mathrm{d}x\right]$$

$$+\mathrm{Re}\left[\frac{\mathrm{i}b}{d}\int |u+g\varphi|^{p}(u+g\varphi)\cdot\Delta\overline{(u+g\varphi)}\mathrm{d}x\right]. \tag{4.2.11}$$

利用 Poincaré 不等式和 Young 不等式，可得

$$\|\Delta(u+g\varphi)\|^{2}\geqslant\frac{1}{\lambda}\|\nabla(u+g\varphi)\|^{2},$$

$$\int\nabla\varphi\cdot\nabla\overline{(u+g\varphi)}\mathrm{d}x\leqslant\frac{1}{2\varepsilon}\|\nabla\varphi\|^{2}+\frac{\varepsilon}{2}\|\nabla\overline{(u+g\varphi)}\|^{2}.$$

将这些估计代入式(4.2.11)，得

$$\begin{aligned}
&\frac{1}{2}\frac{\mathrm{d}}{\mathrm{d}t}\|\nabla(u+g\varphi)\|^{2}\\
&\leqslant-\frac{cd_{\mathrm{i}}}{4m|d|^{2}\lambda}\|\nabla(u+g\varphi)\|^{2}+\frac{d_{\mathrm{i}}}{|d|^{2}}\left(a-\frac{1}{U}\right)\|\nabla(u+g\varphi)\|^{2}\\
&\quad+\frac{|g|}{2|d|U}\left[\frac{1}{\varepsilon}\|\nabla\varphi\|^{2}+\varepsilon\|\nabla(u+g\varphi)\|^{2}\right]\\
&\quad+\mathrm{Re}\left[\frac{\mathrm{i}b}{d}\int|u+g\varphi|^{p}(u+g\varphi)\cdot\Delta\overline{(u+g\varphi)}\mathrm{d}x\right]\\
&\leqslant\left[-\frac{cd_{\mathrm{i}}}{4m|d|^{2}\lambda}+\frac{d_{\mathrm{i}}}{|d|^{2}}\left(a-\frac{1}{U}\right)+\frac{|g|}{2|d|U}\varepsilon\right]\|\nabla(u+g\varphi)\|^{2}\\
&\quad+\frac{|g|}{2|d|U\varepsilon}\|\nabla\varphi\|^{2}+\mathrm{Re}\left[\frac{\mathrm{i}b}{d}\int|u+g\varphi|^{p}(u+g\varphi)\cdot\Delta\overline{(u+g\varphi)}\mathrm{d}x\right].
\end{aligned} \tag{4.2.12}$$

为了估计不等式(4.2.12)中的最后一项，需要用到基本等式

$$\begin{aligned}
&|u+g\varphi|^{2}|\nabla(u+g\varphi)|^{2}\\
&\quad=\frac{1}{4}|\nabla|u+g\varphi|^{2}|^{2}+\frac{1}{4}|(u+g\varphi)\nabla\overline{(u+g\varphi)}-\overline{(u+g\varphi)}\nabla(u+g\varphi)|^{2}.
\end{aligned}$$

将这个等式代入式(4.2.12)中的最后一项，并分部积分，可得

$$\begin{aligned}
&\mathrm{Re}\left[\frac{\mathrm{i}b}{d}\int|u+g\varphi|^{p}(u+g\varphi)\cdot\Delta\overline{(u+g\varphi)}\mathrm{d}x\right]\\
&\quad=\mathrm{Re}\left[\int|u+g\varphi|^{p}|\nabla(u+g\varphi)|^{2}\right.\\
&\qquad\left.+\frac{p}{2}|u+g\varphi|^{p-2}(u+g\varphi)\cdot\nabla\overline{(u+g\varphi)}\nabla|u+g\varphi|^{2}\mathrm{d}x\right]\\
&\quad=\mathrm{Re}\left[\int|u+g\varphi|^{p}|\nabla(u+g\varphi)|^{2}\right.
\end{aligned}$$

$$
\begin{aligned}
&+\frac{p}{4}|u+g\varphi|^{p-2}|\nabla|u+g\varphi|^2|^2 \\
&+\frac{p}{4}|u+g\varphi|^{p-2}[(u+g\varphi)\nabla\overline{(u+g\varphi)} \\
&-\overline{(u+g\varphi)}\nabla(u+g\varphi)]\cdot\nabla|u+g\varphi|^2\mathrm{d}x] \\
=&\frac{bd_{\mathrm{i}}}{|d|^2}\int|u+g\varphi|^p 2^{\mathrm{d}}x+\frac{pbd_{\mathrm{i}}}{4|d|^2}\int|u+g\varphi|^{p-2}\cdot|\nabla|u+g\varphi|^2|^2\mathrm{d}x \\
&-\frac{\mathrm{i}pbd_{\mathrm{r}}}{4|d|^2}\int|u+g\varphi|^{p-2}[(u+g\varphi)\nabla\overline{(u+g\varphi)} \\
&-\overline{(u+g\varphi)}\nabla(u+g\varphi)]\cdot\nabla 2^{\mathrm{d}}x \\
=&\frac{bd_{\mathrm{i}}(p+1)}{4|d|^2}\int|u+g\varphi|^{p-2}|\nabla|u+g\varphi|^2|^2\mathrm{d}x \\
&+\frac{bd_{\mathrm{i}}}{4|d|^2}\int|u+g\varphi|^{p-2}|(u+g\varphi)\nabla\overline{(u+g\varphi)} \\
&-\overline{(u+g\varphi)}\nabla(u+g\varphi)|^2\mathrm{d}x \\
&-\frac{\mathrm{i}pbd_{\mathrm{r}}}{4|d|^2}\int|u+g\varphi|^{p-2}[(u+g\varphi)\nabla\overline{(u+g\varphi)} \\
&-\overline{(u+g\varphi)}\nabla(u+g\varphi)]\cdot\nabla|u+g\varphi|^2\mathrm{d}x \\
=&\frac{b}{4|d|^2}\int|u+g\varphi|^{p-2}\Big\{(p+1)d_{\mathrm{i}}|\nabla|u+g\varphi|^2|^2 \\
&-\mathrm{i}d_{\mathrm{r}}p[(u+g\varphi)\nabla\overline{(u+g\varphi)}(u+g\varphi)\nabla\overline{(u+g\varphi)}] \\
&\cdot\nabla|u+g\varphi|^2+d_{\mathrm{i}}|(u+g\varphi)\nabla\overline{(u+g\varphi)} \\
&-\overline{(u+g\varphi)}\nabla(u+g\varphi)|^2\Big\}\mathrm{d}x.
\end{aligned}
\tag{4.2.13}
$$

注意到式(4.2.13)中的被积分项是二次型函数，$b>0$，结合二次型函数以及积分函数的性质，为了使得上式积分函数是非正的，只需被积函数为非正即可.根据二次型函数的性质，可知只需被积函数中的二次型函数的系数矩阵为非正定矩阵即可，即

$$
\begin{pmatrix}
(p+1)d_{\mathrm{i}} & \dfrac{d_{\mathrm{r}}p}{2} \\
\dfrac{d_{\mathrm{r}}p}{2} & d_{\mathrm{i}}
\end{pmatrix}
$$

是非正定矩阵.这就意味着当

$$p \geqslant \frac{2(d_i^2 + d_i|d|)}{d_i^2}$$

时，积分函数(4.2.13)是非负数，将该估计代入不等式(4.2.12)中，可得

$$\frac{\mathrm{d}}{\mathrm{d}t}\|\nabla(u + g\varphi)\|^2 \leqslant C_3\|\nabla(u + g\varphi)\|^2 + C_4\|\nabla\varphi\|^2. \quad (4.2.14)$$

注意到 $a - \frac{1}{U} \leqslant 0$，选取 ε 足够小，使得

$$C_3 = -\frac{cd_i}{2m|d|^2\lambda} + \frac{2d_i}{|d|^2}\left(a - \frac{1}{U}\right) + \frac{|g|\varepsilon}{|d|U} < 0, \quad C_4 = \frac{|g|}{|d|U\varepsilon} > 0.$$

要从不等式(4.2.14)中得到有关 $\|\nabla(u + g\varphi)\|^2$ 的估计，还需先得到关于 $\|\nabla\varphi\|^2$ 的估计量. 因此，用方程(4.2.6) 与 $\Delta\bar{\varphi}$ 做内积，分部积分，并在两边取实部，可得

$$\frac{\mathrm{d}}{\mathrm{d}t}\|\nabla\varphi\|^2 = 2\mathrm{Re}\left[\frac{\mathrm{i}g}{U}\int\nabla(u + g\varphi)\nabla\bar{\varphi}\mathrm{d}x\right]. \quad (4.2.15)$$

根据已知条件：

$$g_1 = \varphi_1 = 0 \quad 或 \quad g_2 = \varphi_2 = 0 \quad 或 \quad \frac{\nabla g_1}{\nabla g_2} = \frac{\nabla\varphi_1}{\nabla\varphi_2},$$

可得

$$\mathrm{Re}\left[\frac{\mathrm{i}g}{U}\int\nabla(u + g\varphi)\nabla\bar{\varphi}\mathrm{d}x\right] = 0.$$

代入等式(4.2.15)中，有

$$\frac{\mathrm{d}}{\mathrm{d}t}\|\nabla\varphi\|^2 = 0.$$

两边同时关于时间变量 t 积分，可得

$$\|\nabla\varphi\|^2 \leqslant \|\nabla\varphi_0\|^2. \quad (4.2.16)$$

结合式(4.2.14)和式(4.2.16)并再次应用 Gronwall 不等式，可推出

$$\|\nabla(u + g\varphi)\|^2 \leqslant \mathrm{e}^{C_3 t}\|\nabla(u_0 + g\varphi_0)\|^2 + \frac{C_4}{C_3}(1 - \mathrm{e}^{C_3 t})\|\nabla\varphi_0\|^2 \quad (C_3 < 0, C_4 > 0).$$

(4.2.17)

进而，可得

$$\|\nabla u\|^2 \leqslant 2\mathrm{e}^{C_3 t}\|\nabla(u_0 + g\varphi_0)\|^2 + 2\left[\frac{C_4}{C_3}(1 - \mathrm{e}^{C_3 t}) + g^2\right]\|\nabla\varphi_0\|^2. \quad (4.2.18)$$

从式(4.2.16)和式(4.2.18)中可以发现

$$\lim_{t\to+\infty}(\|\nabla u\|^2+\|\nabla\varphi\|^2)\leqslant\left(\frac{2C_4}{C_3}+2g^2+1\right)\|\nabla\varphi_0\|^2=E_2.$$

定理 4.2.4 假设 $u(x,t),\varphi(x,t)$ 是初边值问题(4.2.1)~(4.2.4)的弱解，且满足定理 4.2.2 和定理 4.2.3 的条件，$pn<6$，则下列估计式成立：

$$\|\Delta(u+g\varphi)\|^2\leqslant e^{C_6t}\|\Delta(u+g\varphi_0)\|^2++C_7,$$

$$\|\Delta u\|^2\leqslant 2e^{C_6t}\|\Delta(u_0+g\varphi_0)\|^2+2g^2\|\nabla\varphi_0\|^2+2C_7,$$

$$\|\nabla\varphi\|^2\leqslant\|\nabla\varphi_0\|^2,$$

其中

$$\frac{1}{2}C_6=\frac{d_{\mathrm{i}}}{|d|^2}\left(a-\frac{1}{U}\right)+\frac{\varepsilon_1|g|}{2|d|U}\leqslant 0,$$

C_6 和 C_7 都是不依赖于时间变量 t 的常数.

证明 用 $\nabla^4\overline{(u+g\varphi)}$ 乘以方程(4.2.5)的两边，并积分，再对积分方程分部积分，则有

$$\frac{1}{2}\frac{\mathrm{d}}{\mathrm{d}t}\|\Delta(u+g\varphi)\|^2+\frac{\mathrm{i}c}{4md}\|\nabla^3(u+g\varphi)\|^2$$

$$=\frac{\mathrm{i}}{d}\left(a-\frac{1}{U}\right)\|\Delta(u+g\varphi)\|^2+\frac{\mathrm{i}g}{dU}\int\Delta\varphi\cdot\Delta\overline{(u+g\varphi)}\mathrm{d}x$$

$$+\frac{\mathrm{i}b}{d}\int\nabla^3[|u+g\varphi|^p(u+g\varphi)]\cdot\nabla\overline{(u+g\varphi)}\mathrm{d}x,$$

对上述方程的两边取实部，可得

$$\frac{1}{2}\frac{\mathrm{d}}{\mathrm{d}t}\|\Delta(u+g\varphi)\|^2+\frac{cd_{\mathrm{i}}}{4m|d|^2}\|\nabla^3(u+g\varphi)\|^2$$

$$\leqslant\frac{d_{\mathrm{i}}}{|d|^2}\left(a-\frac{1}{U}\right)\|\Delta(u+g\varphi)\|^2+\frac{|g|}{|d|U}\int|\Delta\varphi|\cdot|\Delta(u+g\varphi)|\mathrm{d}x$$

$$+\frac{b}{|d|}\int|\nabla^3[|u+g\varphi|^p(u+g\varphi)]|\cdot|\nabla(u+g\varphi)|\mathrm{d}x.\tag{4.2.19}$$

利用 Hölder 不等式、引理 3.2.2 和 Young 不等式可得

$$\frac{b}{|d|}\int\nabla^3[|u+g\varphi|^p(u+g\varphi)]\cdot|\nabla(u+g\varphi)|\mathrm{d}x$$

$$\leqslant\frac{b}{|d|}\left\{\int|\nabla^3[|u+g\varphi|^p(u+g\varphi)]|^2\mathrm{d}x\right\}^{\frac{1}{2}}\cdot\left(\int|\nabla(u+g\varphi)|^2\mathrm{d}x\right)^{\frac{1}{2}}$$

$$=\frac{b}{|d|}\|\nabla^3[|u+g\varphi|^p(u+g\varphi)]\|_2\cdot\|\nabla(u+g\varphi)\|_2$$

$$\leqslant \frac{b}{|d|}C(n,p)\|u+g\varphi\|_{3,2}^{\tau}\cdot\|u+g\varphi\|_2^{p+1-\tau}\|\nabla(u+g\varphi)\|_2$$

$$\leqslant \varepsilon\|u+g\varphi\|_{3,2}^{2}+C(\varepsilon)\left[\frac{b}{|d|}C(n,p)\|u+g\varphi\|_2^{p+1-\tau}\|\nabla(u+g\varphi)\|_2\right]^{\frac{2}{2-\tau}},\tag{4.2.20}$$

注意到 $pn<6$,这意味着 $\tau=\frac{6+pn}{6}<2$.

选取 $\varepsilon=\frac{cd_{\mathrm{i}}}{4m|d|^2}$,代入式(4.2.19),并再次利用 Young 不等式,可得

$$\begin{aligned}
&\frac{1}{2}\frac{\mathrm{d}}{\mathrm{d}t}\|\Delta(u+g\varphi)\|^2\\
&\leqslant \frac{d_{\mathrm{i}}}{|d|^2}\left(a-\frac{1}{U}\right)\|\Delta(u+g\varphi)\|^2+\frac{\varepsilon_1|g|}{2|d|U}\|\Delta(u+g\varphi)\|^2+\frac{|g|}{2\varepsilon_1|d|U}\|\Delta\varphi\|^2\\
&\quad+C(\varepsilon)\left[\frac{b}{|d|}C(n,p)\|u+g\varphi\|_2^{p+1-\tau}\|\nabla(u+g\varphi)\|^2\right]^{\frac{2}{2-\tau}}\\
&\leqslant\left[\frac{d_{\mathrm{i}}}{|d|^2}\left(a-\frac{1}{U}\right)+\frac{\varepsilon_1|g|}{2|d|U}\right]\|\Delta(u+g\varphi)\|^2+\frac{|g|}{2\varepsilon_1|d|U}\|\Delta\varphi\|^2\\
&\quad+C\left[\frac{cd_{\mathrm{i}}}{4m|d|^2},\frac{b}{|d|^2}C(n,p),\|u_0+g\varphi_0\|^2,\|\nabla(u_0+g\varphi_0)\|^2,\|\varphi_0\|^2,\|\nabla\varphi_0\|^2\right]\\
&\leqslant\left[\frac{d_{\mathrm{i}}}{|d|^2}\left(a-\frac{1}{U}\right)+\frac{\varepsilon_1|g|}{2|d|U}\right]\|\Delta(u+g\varphi)\|^2+\frac{|g|}{2\varepsilon_1|d|U}\|\Delta\varphi\|^2+C_5,
\end{aligned}\tag{4.2.21}$$

其中

$$C_5=C\left[\frac{cd_{\mathrm{i}}}{4m|d|^2},\frac{b}{|d|^2}C(n,p),\|u_0+g\varphi_0\|^2,\|\nabla(u_0+g\varphi_0)\|^2,\|\varphi_0\|^2,\|\nabla\varphi_0\|^2\right]$$

是不依赖于时间变量 t 的常数.

接下来先估计$\|\Delta\varphi\|$,用方程(4.2.6)与 $\nabla^4\overline{\varphi}$ 做内积,分部积分,并取实部,可得

$$\frac{1}{2}\frac{\mathrm{d}}{\mathrm{d}t}\|\Delta\varphi\|^2=\mathrm{Re}\left[\frac{\mathrm{i}g}{U}\int\Delta(u+g\varphi)\cdot\Delta\overline{\varphi}\mathrm{d}x\right].$$

令

$$\varphi=\varphi_1+\varphi_2,\quad u+g\varphi=g_1+\mathrm{i}g_2,$$

根据已知条件,有

$$g_1 = \varphi_1 = 0 \quad 或 \quad g_2 = \varphi_2 = 0 \quad 或 \quad \frac{\Delta g_1}{\Delta g_2} = \frac{\Delta \varphi_1}{\Delta \varphi_2},$$

可得

$$\frac{d}{dt}\|\Delta\varphi\|^2 = 0.$$

利用 Gronwall 不等式,可得

$$\|\Delta\varphi\|^2 \leqslant \|\Delta\varphi_0\|^2.$$

将这个估计代入不等式(4.2.21),可得

$$\frac{1}{2}\frac{d}{dt}\|\Delta(u+g\varphi)\|^2$$
$$\leqslant \left[\frac{d_i}{|d|^2}\left(a-\frac{1}{U}\right)+\frac{\varepsilon_1|g|}{2|d|U}\right]\|\Delta(u+g\varphi)\|^2+\frac{|g|}{2\varepsilon_1|d|U}\|\Delta\varphi_0\|^2+C_5.$$

选取 ε 充分小,使得当$\left(a-\frac{1}{U}\right)\leqslant 0$ 时,常数

$$\frac{1}{2}C_6 = \frac{d_i}{|d|^2}\left(a-\frac{1}{U}\right)+\frac{\varepsilon_1|g|}{2|d|U}\leqslant 0.$$

利用 Gronwall 不等式,可得

$$\|\Delta(u+g\varphi)\|^2 \leqslant e^{C_6 t}\|\Delta(u+g\varphi)\|^2 + C_7,$$

这里 $C_6\leqslant 0$ 和 C_7 都是不依赖于时间变量 t 的常数.进一步可推出

$$\|\Delta u\|^2 \leqslant 2e^{C_6 t}\|\nabla(u_0+g\varphi_0)\|^2 + 2g^2\|\nabla\varphi_0\|^2 + 2C_7.$$

定理 4.2.5 设 $u(x,t)$和$\varphi(x,t)$是初边值问题(4.2.1)～(4.2.4)的弱解,且满足定理 4.2.2～4.2.4 的条件,则下列不等式成立:

$$\|u+g\varphi\|_{2p+2}^{2p+2}$$
$$\leqslant C_{10}\left[\|u_0+g\varphi_0\|_{H^1}^2+\left(\|u_0+g\varphi_0\|_{2p+2}^{2p+2}\right)^{\frac{p+2}{2}}\right]+C_{11}\left(\|\varphi_0\|_{H^1}^2+\|\varphi_0\|_2^{p+2}\right),$$

其中

$$C_{10} = C_G^{2P+2}\max\{e^{C_1 t}, e^{C_3 t}, (2e^{C_8 t})^{\frac{p+2}{2}}\},$$

且 $C_{11} = C_G^{2p+2}\max\left\{\frac{C_2}{C_1}(1-e^{C_1 t}), \frac{C_4}{C_3}(1-e^{C_3 t}), \left(\frac{2C_9(1-e^{C_8 t})}{C_8}\right)^{\frac{p+2}{2}}\right\}.$

证明 用方程(4.2.5)与$|u+g\varphi|^p\overline{(u+g\varphi)}$做内积,两边取实部,可得

$$\frac{1}{p+2}\frac{d}{dt}\|u+g\varphi\|_{p+2}^{p+2}$$

$$= \mathrm{Re}\left[\frac{\mathrm{i}c}{4md}\int \Delta(u+g\varphi)\cdot |u+g\varphi|^{p}\overline{(u+g\varphi)}\mathrm{d}x\right]$$
$$+\frac{d_{\mathrm{i}}}{|d|^{2}}\left(a-\frac{1}{U}\right)\|u+g\varphi\|_{p+2}^{p+2}$$
$$+\mathrm{Re}\left[\frac{\mathrm{i}g}{dU}\int \varphi\cdot |u+g\varphi|^{p}\overline{(u+g\varphi)}\mathrm{d}x\right]-\frac{bd_{\mathrm{i}}}{|d|^{2}}\|u+g\varphi\|_{2p+2}^{2p+2}.$$

类似于等式(4.2.13)的估计,可发现当 $p\geqslant\frac{2(d_{\mathrm{i}}^{2}+d_{\mathrm{i}}|d|)}{d_{\mathrm{r}}^{2}}$时,

$$\mathrm{Re}\left[\frac{\mathrm{i}c}{4md}\int \Delta(u+g\varphi)\cdot |u+g\varphi|^{p}\overline{(u+g\varphi)}\mathrm{d}x\right]\leqslant 0,$$

代入上式,利用 Young 不等式,并选取$\frac{\varepsilon}{2}=\frac{bd_{\mathrm{i}}}{|d|^{2}}$,可得

$$\frac{1}{p+2}\frac{\mathrm{d}}{\mathrm{d}t}\|u+g\varphi\|_{p+2}^{p+2}$$
$$\leqslant \frac{d_{\mathrm{i}}}{|d|^{2}}\left(a-\frac{1}{U}\right)\|u+g\varphi\|_{p+2}^{p+2}+\frac{g^{2}}{2\varepsilon|d|^{2}U^{2}}\|\varphi\|_{2}^{2}$$
$$+\frac{\varepsilon}{2}\|u+g\varphi\|_{2p+2}^{2p+2}-\frac{bd_{\mathrm{i}}}{|d|^{2}}\|u+g\varphi\|_{2p+2}^{2p+2}$$
$$\leqslant \frac{d_{\mathrm{i}}}{|d|^{2}}\left(a-\frac{1}{U}\right)\|u+g\varphi\|_{p+2}^{p+2}+\frac{g^{2}}{2\varepsilon|d|^{2}U^{2}}\|\varphi\|_{2}^{2}$$
$$+\left(\frac{\varepsilon}{2}-\frac{bd_{\mathrm{i}}}{|d|^{2}}\right)\|u+g\varphi\|_{2p+2}^{2p+2}$$
$$\leqslant \frac{d_{\mathrm{i}}}{|d|^{2}}\left(a-\frac{1}{U}\right)\|u+g\varphi\|_{p+2}^{p+2}+\frac{g^{2}|d|^{2}}{4bd_{i}U^{2}}\|\varphi\|_{2}^{2},$$

结合定理4.2.2的结果,整理得

$$\frac{\mathrm{d}}{\mathrm{d}t}\|u+g\varphi\|_{p+2}^{p+2}\leqslant \frac{d_{\mathrm{i}}(p+2)}{|d|^{2}}\left(a-\frac{1}{U}\right)\|u+g\varphi\|_{p+2}^{p+2}+\frac{g^{2}|d|^{2}(p+2)}{4bd_{i}U^{2}}\|\varphi\|_{2}^{2}$$
$$\leqslant C_{8}\|u+g\varphi\|_{p+2}^{p+2}+C_{9}\|\varphi\|_{2}^{2},\tag{4.2.22}$$

令

$$C_{8}=\frac{d_{\mathrm{i}}(p+2)}{|d|^{2}}\left(a-\frac{1}{U}\right)\leqslant 0,\quad C_{9}=\frac{(p+2)g^{2}|d|^{2}}{4bd_{\mathrm{i}}U^{2}}.$$

并利用 Gronwall 不等式,可得

$$\|u+g\varphi\|_{p+2}^{p+2}\leqslant \mathrm{e}^{C_{8}t}\|u_{0}+g\varphi_{0}\|_{p+2}^{p+2}+\frac{C_{9}(1-\mathrm{e}^{C_{8}t})}{C_{9}}\|\varphi_{0}\|_{2}^{2}.\tag{4.2.23}$$

通过 Gagliardo-Nirenberg 不等式

$$\|f\|_P \leqslant C_G \|f\|_{H^\kappa}^{\theta} \|f\|_Q^{1-\theta},$$

其中

$$\frac{1}{P} = \theta\left(\frac{1}{2} - \kappa\right) + (1-\theta)\cdot\frac{1}{Q},$$

可得 Agmon 不等式

$$\|u + g\varphi\|_{2p+2} \leqslant C_G \|u + g\varphi\|_{H^1}^{\frac{p}{(p+1)(p+4)}} \cdot \|u + g\varphi\|_{p+2}^{\frac{(p+2)^2}{(p+1)(p+4)}},$$

这里 $P=2p+2,\kappa=1,\theta=\dfrac{p}{(p+1)(p+4)}$且 $Q=p+2$.

结合 Young 不等式,得

$$\begin{aligned}\|u + g\varphi\|_{2p+2}^{2p+2} &\leqslant C_G^{2p+2}\|u + g\varphi\|_{H^1}^{\frac{2P}{P+4}} \cdot \|u + g\varphi\|_{P+2}^{\frac{2(P+2)^2}{P+4}} \\ &\leqslant C_G^{2p+2}\|u + g\varphi\|_{H^1}^{2} + C_G^{2p+2}\|u + g\varphi\|_{P+2}^{\frac{(P+2)^2}{2}}.\end{aligned} \tag{4.2.24}$$

结合定理 4.2.2、4.2.3 的结果,可以发现

$$\begin{aligned}&\|u + g\varphi\|_{2p+2}^{2p+2} \\ &\leqslant C_G^{2p+2}(\|u + g\varphi\|^2 + \|\nabla(u + g\varphi)\|^2) + C_G^{2p+2}(\|u + g\varphi\|_{p+2}^{p+2})^{\frac{p+2}{2}} \\ &\leqslant C_G^{2p+2}\Big[\mathrm{e}^{C_1 t}\|u_0 + g\varphi_0\|^2 + \frac{C_2}{C_1}(1-\mathrm{e}^{C_1 t})\|\varphi_0\|^2 \\ &\quad + \mathrm{e}^{C_3 t}\|\nabla(u_0 + g\varphi_0)\|^2 + \frac{C_4}{C_3}(1-\mathrm{e}^{C_3 t})\|\nabla\varphi_0\|^2\Big] \\ &\quad + C_G^{2p+2}\left[(2\mathrm{e}^{C_8 t})^{\frac{P+2}{2}}(\|u_0 + g\varphi_0\|_{p+2}^{p+2})^{\frac{P+2}{2}} + \left(\frac{2C_9(1-\mathrm{e}^{C_8 t})}{C_8}\right)^{\frac{P+2}{2}}\|\varphi_0\|_2^{p+2}\right] \\ &\leqslant C_{10}[\|\nabla(u_0 + g\varphi_0)\|_{H_1}^2 + (\|u_0 + g\varphi_0\|_{p+2}^{p+2})^{\frac{P+2}{2}}) + C_{11}(\|\varphi_0\|_{H_1}^2 + \|\varphi_0\|_2^{p+2}],\end{aligned}$$

其中

$$\begin{aligned}C_{10} &= C_G^{2p+2}\max\{\mathrm{e}^{C_1 t},\mathrm{e}^{C_3 t},(2\mathrm{e}^{C_8 t})^{\frac{p+2}{2}}\}, \\ C_{11} &= C_G^{2p+2}\max\left\{\frac{C_2}{C_1}(1-\mathrm{e}^{C_1 t}),\frac{C_4}{C_3}(1-\mathrm{e}^{C_3 t}),\left(\frac{2C_9(1-\mathrm{e}^{C_8 t})}{C_8}\right)^{\frac{p+2}{2}}\right\}.\end{aligned}$$

定理 4.2.6 设函数 $u(x,t),\varphi(x,t)$是初边值问题(4.2.1)～(4.2.4)的弱解,且满足定理 4.2.2～4.2.5 的条件,则有

$$\|u_t\|^2 \in L^\infty([0,\infty),L^2(\Omega)),$$

$$\|\varphi_t\|^2 \in L^\infty([0,\infty),L^2(\Omega)).$$

证明　将方程(4.2.5)与$\overline{(u+g\varphi)_t}$做内积，分部积分并且两边取实部，可得

$$
\begin{aligned}
&\|(u+g\varphi)_t\|^2\\
&= \mathrm{Re}\left[\frac{\mathrm{i}c}{4md}\int\Delta(u+g\varphi)\cdot\overline{(u+g\varphi)_t}\,\mathrm{d}x\right]\\
&\quad+\mathrm{Re}\left[\frac{\mathrm{i}}{d}\left(a-\frac{1}{U}\right)\int(u+g\varphi)\cdot\overline{(u+g\varphi)_t}\,\mathrm{d}x\right]\\
&\quad+\mathrm{Re}\left[\frac{\mathrm{i}g}{dU}\int\varphi\cdot\overline{(u+g\varphi)_t}\,\mathrm{d}x\right]-\mathrm{Re}\left[\frac{\mathrm{i}b}{d}\int|u+g\varphi|^p(u+g\varphi)\cdot\overline{(u+g\varphi)_t}\,\mathrm{d}x\right]\\
&\leqslant\frac{c}{4m|d|}\int|\Delta(u+g\varphi)\cdot\overline{(u+g\varphi)_t}|\,\mathrm{d}x\\
&\quad+\frac{1}{|d|}\left|a-\frac{1}{U}\right|\int|(u+g\varphi)|\cdot|(u+g\varphi)_t|\,\mathrm{d}x\\
&\quad+\frac{|g|}{|d|U}\int|\varphi|\cdot|(u+g\varphi)_t|\,\mathrm{d}x+\frac{b}{|d|}\int|u+g\varphi|^{p+1}\cdot|(u+g\varphi)_t|\,\mathrm{d}x.
\end{aligned}
$$

利用 Young 不等式，整理得

$$
\begin{aligned}
&\|(u+g\varphi)_t\|^2-2\varepsilon\|(u+g\varphi)_t\|^2\\
&\leqslant\frac{c^2}{32m^2|d|^2\varepsilon}\|\Delta(u+g\varphi)\|^2+\frac{\left(a-\frac{1}{U}\right)^2}{2|d|^2\varepsilon}\|(u+g\varphi)\|^2\\
&\quad+\frac{g^2}{2|d|^2U^2\varepsilon}\|\varphi\|^2+\frac{b^2}{2|d|^2\varepsilon}\|(u+g\varphi)\|_{2p+2}^{2p+2}.
\end{aligned}
$$

选取 $\varepsilon<\frac{1}{2}$，并且利用定理 4.2.2～4.2.5 的估计，可得

$$\|(u+g\varphi)_t\|^2\leqslant C_{12}.$$

这里 C_{12}是不依赖于时间变量 t 的常数.然后，我们进一步估计 $\|\varphi_t\|^2$.

将方程(4.2.6)与 $\overline{\varphi}_t$ 做内积，可得

$$(\varphi_t,\overline{\varphi}_t)=\frac{\mathrm{i}g}{U}((u+g\varphi),\overline{\varphi}_t)-\mathrm{i}(2\nu-2\mu)(\varphi,\overline{\varphi}_t)-\frac{\mathrm{i}g^2}{U}(\varphi,\overline{\varphi}_t)+\frac{\mathrm{i}}{4m}(\Delta\varphi,\overline{\varphi}_t).$$

两边取实部，并利用 Young 不等式，可得

$$
\begin{aligned}
\|\varphi\|^2&\leqslant\frac{|g|}{U}\int|u+g\varphi|\cdot|\varphi_t|\,\mathrm{d}x+\left|2\nu-2\mu+\frac{g^2}{U}\right|\int|\varphi|\cdot|\varphi_t|\,\mathrm{d}x\\
&\quad+\frac{1}{4m}\int|\Delta\varphi|\cdot|\varphi_t|\,\mathrm{d}x
\end{aligned}
$$

$$\leqslant \frac{g^2}{2U^2\varepsilon}\|u+g\varphi\|^2+\frac{\varepsilon}{2}\|\varphi_t\|^2+\frac{1}{2\varepsilon}\left|2\nu-2\mu+\frac{g^2}{U}\right|^2\|\varphi_t\|^2+\frac{\varepsilon}{2}\|\varphi_t\|^2$$

$$+\frac{1}{32m^2\varepsilon}\|\Delta\varphi\|^2++\frac{\varepsilon}{2}\|\varphi_t\|^2.$$

选取 $\varepsilon<\frac{2}{3}$,结合定理 4.2.2～4.2.5 的估计,可得

$$\|\varphi_t\|^2\leqslant C_{13},$$

这里 C_{13}是不依赖于时间变量 t 的常数.

由以上的估计还可推出

$$\begin{aligned}\|u_t\|^2&=\|(u+g\varphi)_t-(g\varphi)_t\|^2\\&\leqslant 2\|(u+g\varphi)_t\|^2+2g^2\|\varphi_t\|^2\\&\leqslant 2C_{12}+2g^2C_{13}.\end{aligned}$$

这就意味着

$$\|u_t\|^2\in L^\infty([0,\infty),L^2(\Omega)),$$
$$\|\varphi_t\|^2\in L^\infty([0,\infty),L^2(\Omega)).$$

定理即证.

4.2.3　吸引子存在性的证明

定理 4.2.1 的证明　要证明初边值问题(4.2.1)～(4.2.4)存在整体吸引子,根据整体吸引子的存在性定理,我们只需依次验证引理 2.1.1 中的条件即可证得初边值问题(4.2.1)～(4.2.4)是否存在整体吸引子.

根据定理 4.2.2～4.2.6 的结果可以发现,初边值问题(4.2.1)～(4.2.4)的弱解可以生成半群算子 S_t. 对 $(u,\varphi)\in E$, $\|(u,\varphi)\|_E^2=\|u\|_{H^{1,2}}^2+\|\varphi\|_{H^{1,2}}^2$,选取 Banach 空间为 $E=H^{1,2}(\Omega)\times H^{1,2}(\Omega)$,则半群算子 $S_t:E\to E$.

根据定理 4.2.2～4.2.6 的结果可以推出,存在半径为 R 的球 B_R,其中 $(\|(u,\varphi)\|_E\leqslant R)$,并假设 $B_R\subset E$,存在 $B\subset B_R$,则有

$$\|u\|^2\leqslant 2e^{C_1t}\|u_0+g\varphi_0\|^2+2\left[\frac{C_2}{C_1}(1-e^{C_1t})+g^2\right]\|\varphi_0\|^2=W_1,$$

$$\|\varphi\|^2\leqslant\|\varphi_0\|^2,$$

$$\|\nabla u\|^2\leqslant 2e^{C_3t}\|\nabla(u_0+g\varphi_0)\|^2+2\left[\frac{C_4}{C_3}(1-e^{C_3t})+g^2\right]\|\nabla\varphi_0\|^2=W_2,$$

$$\|\nabla\varphi\|^2 \leqslant \|\nabla\varphi_0\|^2,$$

其中

$$C_1 = -\frac{cd_{\mathrm{i}}}{2m\,|d|^2\lambda} + \frac{|g|\varepsilon}{|d|U} + \frac{2d_{\mathrm{i}}}{|d|^2}\left(a - \frac{1}{U}\right) < 0,$$

$$C_2 = \frac{|g|}{2|d|U\varepsilon} > 0,$$

$$C_3 = -\frac{cd_{\mathrm{i}}}{2m\,|d|^2\lambda} + \frac{2d_{\mathrm{i}}}{|d|^2}\left(a - \frac{1}{U}\right) + \frac{|g|}{|d|U}\varepsilon < 0,$$

$$C_4 = \frac{|g|}{|d|U\varepsilon} > 0,$$

所以

$$\begin{aligned}\|S_t(u(x,t),\varphi(x,t))\|_E^2 &= \|u(\cdot,t)\|_{H^{1,2}}^2 + \|\varphi(\cdot,t)\|_{H^{1,2}}^2 \\ &\leqslant K_1\|u(\cdot,t)\|_{H^{1,2}}^2 + K_2\|\varphi(\cdot,t)\|_{H^{1,2}}^2 \\ &\leqslant K_3R^2 \quad (t \geqslant 0,(u(x,t),\varphi(x,t)) \in B),\end{aligned}$$

这里 $K_1 = \max\{W_1, W_2\}$，$K_2 = \max\{\|\varphi_0\|^2, \|\nabla\varphi_0\|^2\}$，$W_1, W_2, K_1, K_2, K_3, K_4$ 均为不依赖于时间变量 t 的常数.

这就意味着 S_t 在 E 中有界，满足引理 2.1.1 的第一个条件. 然后，从定理 4.2.2～4.2.6 的结果，可以推出

$$\begin{aligned}\|S_t(u(x,t),\varphi(x,t)\|_E^2 &= \|u(\cdot,t)\|_{H^{1,2}}^2 + \|\varphi(\cdot,t)\|_{H^{1,2}}^2 \\ &\leqslant (E_1 + E_2) \quad (\forall t \geqslant t_0),\end{aligned}$$

因此可得

$$\bar{A} = \{(u,\varphi) \in E, \|(u,\varphi)\|_E \leqslant (E_1 + E_2)\}$$

是半群算子 S_t 的有界吸收集，引理 2.1.1 的第二个条件满足.

最后，当 $t>0$ 时，

$$\lim_{t\to+\infty}(\|u\|^2 + \|\varphi\|^2) \leqslant \left(\frac{2c_2}{c_1} + 2g^2 + 1\right)\|\varphi_0\|^2 = E_1,$$

$$\lim_{t\to+\infty}(\|\nabla u\|^2 + \|\nabla\varphi\|^2) \leqslant \left(\frac{2c_6}{c_5} + 2g^2 + 1\right)\|\nabla\varphi_0\|^2 = E_2.$$

所以，S_t 是一个全连续算子，这就意味着引理 2.1.1 的第三个条件满足. 综上所述，全连续算子 S_t 有一个紧的整体吸引子 $A = \bigcap_{\tau\geqslant 0}\overline{\bigcup_{t\geqslant\tau} S_t A}$.

定理 4.2.1 得证.

第5章　修正的 BCS – BEC 跨越中的数学模型

本章主要介绍两类修正的有关 BCS – BEC 跨越中的数学模型.一类是在非平衡态下的有关 BCS – BEC 跨越中的金兹堡-朗道理论;另一类是在有外力作用下的有关 BCS – BEC 跨越中的金兹堡-朗道理论.

5.1　非平衡态下修正的 BCS – BEC 跨越间的金兹堡-朗道理论

5.1.1　修正的金兹堡-朗道方程组和主要结果

这里主要考虑具有下列形式的有关 BCS – BEC 跨越中修正的金兹堡-朗道方程组弱解的吸引子问题.

$$d\omega_t - \mathrm{i}\left(a - \frac{1}{U}\right)\omega - \frac{\mathrm{i}g}{U}\varphi - \frac{\mathrm{i}c}{4m}\Delta\omega + \mathrm{i}b\,|\omega|^p\omega + \gamma g\varphi = f(x,t), \tag{5.1.1}$$

$$\varphi_t + \gamma\varphi - \frac{\mathrm{i}g}{U}\omega + \frac{\mathrm{i}g^2}{U}\varphi + \mathrm{i}(2\nu - 2\mu)\varphi - \frac{\mathrm{i}}{4m}\Delta\varphi = h(x,t), \tag{5.1.2}$$

$$u(x,0) = u_0(x), \quad \varphi(x,0) = \varphi_0(x) \quad (x \in \Omega), \tag{5.1.3}$$

$$u|_{\partial\Omega} = 0, \quad \varphi|_{\partial\Omega} = 0. \tag{5.1.4}$$

该方程组是通过对 BCS – BEC 跨越中的金兹堡-朗道方程(1.2.1)和方程(1.2.2)做变量替换 $u + g\varphi = \omega$ 得到的.而如下形式的方程:

$$d\omega_t - \left(a - \frac{1}{U}\right)\mathrm{i}\omega - \frac{\mathrm{i}g}{U}\varphi - \frac{\mathrm{i}c}{4m}\Delta\omega + \mathrm{i}b\,|\omega|^2\omega = 0, \tag{5.1.5}$$

$$\varphi_t - \frac{\mathrm{i}g}{U}\omega + \frac{\mathrm{i}g^2}{U}\varphi + \mathrm{i}(2\nu - 2\mu)\varphi - \frac{\mathrm{i}}{4m}\Delta\varphi = 0, \tag{5.1.6}$$

是对变量替换之后的方程进行修正得到的.

2010 年,房少梅[61]等人对方程(5.1.5)、(5.1.6)添加阻尼项来进行修正,并赋予外力作用,从而得到耦合方程组

$$d\omega_t - \left(a - \frac{1}{U}\right)\mathrm{i}\omega - \frac{\mathrm{i}g}{U}\varphi - \frac{\mathrm{i}c}{4m}\Delta\omega + \mathrm{i}b\,|\omega|^2\omega = f(x),$$

$$\varphi_t + \gamma\varphi - \frac{\mathrm{i}g}{U}\omega + \frac{\mathrm{i}g^2}{U}\varphi + \mathrm{i}(2\nu - 2\mu)\varphi - \frac{\mathrm{i}}{4m}\Delta\varphi = h(x).$$

并且得到这个耦合方程组当中的阻尼参数 γ,在特定的范围内,方程组存在整体吸引子.接着,江杰等人[44]对这个结果进行改进,发现只要这个耦合方程组中的阻尼系数 $\gamma>0$,这个耦合方程组就有整体吸引子的存在性.

本章将他们的结果进行拓展,主要考虑方程组(5.1.1)和(5.1.2)的整体吸引子问题.与他们的方程相比,本章中所考虑的结果具有三个主要的问题:

(ⅰ) 本章中所考虑的方程组中的指数指标是 $p>0$,这无疑对结果的证明增添了新的挑战.

(ⅱ) 本章中的耦合方程组是在赋予外力作用下得到的,这里的外力项 $f(x,t)$,$h(x,t)$不仅跟空间变量 x 有关,还跟时间变量 t 有关.

(ⅲ) 非线性项指数指标的提高使得先验估计证明的难度系数显著增高.

但是,即使是在这些困难的挑战面前,本章仍然得到如下结果:

定理 5.1.1　假设 $\omega(x,t)$,$\varphi(x,t)$是初边值问题(5.1.1)~(5.1.4)的弱解,且满足下列条件:

(a) $f,h\in H_0^2$ 依赖于时间;

(b) $U>0,b>0,c>0,m>0,aU<1,\gamma>0$;

(c) $d=d_{\mathrm{r}}+\mathrm{i}d_{\mathrm{i}}$,这里 $d_{\mathrm{r}},d_{\mathrm{i}}\in\mathbf{R}$,且 $d_{\mathrm{i}}>0,|d|=\sqrt{d_{\mathrm{r}}^2+d_{\mathrm{i}}^2}$.

则在 $H_0^1\times H_0^1$ 上,存在由初边值问题(5.1.1)~(5.1.4)的弱解生成的强连续线性半群 S_t,且该半群算子 S_t 具有紧的整体吸引子 $A\subset(H^2\cap H_0^1)\times(H^2\cap H_0^1)$.

5.1.2　先验估计

定理 5.1.2(弱解的存在性定理)　在定理 5.1.1(a)~(c)的条件下,对任意的

初值$(\omega_0,\varphi_0)\in H_0^1(\Omega)\times H_0^1(\Omega)$，$T>0$，初边值问题(5.1.1)～(5.1.4)在$Q_T:=\Omega\times[0,T]$上存在整体弱解$(\omega,\varphi)$，且$\omega,\varphi\in C([0,T],H_0^1(\Omega))$，$\omega_t\in L^2((0,T),L^2(\Omega))$，$\varphi_t\in L^2((0,T),H^{-1}(\Omega))$，并对任何复值函数$\psi\in H_0^1(\Omega)$且$\xi\in C^1(0,T]$，$\xi(T)=0$，有

$$\int_0^T\left[-d(\omega,\xi_t\psi)-\mathrm{i}\left(a-\frac{1}{U}\right)(\omega,\xi\psi)-\frac{\mathrm{ig}}{U}(\varphi,\xi\psi)+\frac{\mathrm{ic}}{4m}(\nabla\omega,\xi\nabla\psi)\right.$$
$$\left.+\gamma g(\varphi,\xi\psi)+\mathrm{i}b(|\omega|^2\omega,\xi\psi)\right]\mathrm{d}t$$
$$=\int_0^T(f,\xi\psi)\mathrm{d}t+(\omega_0,\xi(0)\psi),$$

和

$$\int_0^T\left[-(\varphi,\xi_t\psi)-\frac{\mathrm{ig}}{U}(\omega,\xi\psi)+\mathrm{i}\left(\frac{g^2}{U}+2\nu-2\mu\right)+\frac{\mathrm{i}}{4m}(\nabla\varphi,\xi\nabla\psi)+\gamma(\varphi,\xi\psi)\right]\mathrm{d}t$$
$$=\int_0^T(h,\xi\psi)\mathrm{d}t+(\psi_0,\xi(0)\psi).$$

定理 5.1.3(初值的连续依赖性定理)　设$(\omega_1,\varphi_1),(\omega_2,\varphi_2)\in H_0^1(\Omega)\times H_0^1(\Omega)$为初边值问题(5.1.1)～(5.1.4)任意两对不相等的弱解，则对任意的$T>0$，不等式

$$\|\omega_1(t)-\omega_2(t)\|_{H^1}^2+\|\varphi_1(t)-\varphi_2(t)\|_{H^1}^2+\int_0^t\|\omega_{1t}(t)-\omega_{2t}(t)\|^2\mathrm{d}t$$
$$\leqslant L_1\mathrm{e}^{L_2t}(\|\omega_{01}(t)-\omega_{02}(t)\|_{H^1}^2+\|\varphi_{01}(t)-\varphi_{02}(t)\|_{H^1}^2)\quad(\forall t\in[0,T])$$

成立，其中L_1,L_2是依赖于$\|\omega_{01}\|_{H^1}$，$\|\varphi_{01}\|_{H^1}$，$\|\omega_{02}\|_{H^1}$，$\|\varphi_{02}\|_{H^1}$，$|\Omega|$，$|f(x,t)|$，$|h(x,t)|$和初边值问题(5.1.1)～(5.1.4)耦合系数的正常数.

定理 5.1.4　假设(ω,φ)是初边值问题(5.1.1)～(5.1.4)的弱解，满足定理5.1.1的条件(a)～(c)，则对任何初值$(\omega_0,\varphi_0)\in H_0^1(\Omega)\times H_0^1(\Omega)$，存在仅依赖于初边值问题(5.1.1)～(5.1.4)耦合系数的正常数C_5,C_6,C_7,C_8,C_9，使得下列不等式成立：

$$\|\omega(t)\|_{H^1}^2+\|\varphi(t)\|_{H^1}^2$$
$$\leqslant\frac{C_8}{C_7}\mathrm{e}^{-C_5t}(\|\omega(0)\|_{H^1}^2+\|\omega(0)\|_{L^{p+2}}^{p+2}+\|\varphi(0)\|_{H^1}^2)+\frac{C_6}{C_5C_7}\quad(\forall t\geqslant0).$$

证明　用方程(5.1.1)乘以$\bar{\omega}$，并积分得

$$(d_\mathrm{r}+\mathrm{i}d_\mathrm{i})\int\omega_t\cdot\bar{\omega}\mathrm{d}x-\mathrm{i}\left(a-\frac{1}{U}\right)\int\omega\cdot\bar{\omega}\mathrm{d}x-\frac{\mathrm{ig}}{U}\int\varphi\cdot\bar{\omega}\mathrm{d}x-\frac{\mathrm{ic}}{4m}\int\Delta\omega\cdot\bar{\omega}\mathrm{d}x$$

$$+ \mathrm{i}b\int |\omega|^p\omega \cdot \bar{\omega}\mathrm{d}x + \gamma g\int \varphi \cdot \bar{\omega}\mathrm{d}x = \int f(x,t)\cdot \bar{\omega}\mathrm{d}x.$$

对上述方程两边取虚部,可得

$$d_r\mathrm{Im}\left[\int \omega_t \cdot \bar{\omega}\mathrm{d}x\right] + \frac{d_i}{2}\frac{\mathrm{d}}{\mathrm{d}t}\|\omega\|^2 + \left(\frac{1}{U} - a\right)\|\omega\|^2 - \frac{g}{U}\mathrm{Re}\left[\int \varphi \cdot \bar{\omega}\mathrm{d}x\right]$$
$$+ \frac{c}{4m}\|\nabla\omega\|^2 + b\int |\omega|^{p+2}\mathrm{d}x + \gamma g\mathrm{Im}\left[\int \varphi \cdot \bar{\omega}\mathrm{d}x\right] = \mathrm{Im}\left[\int f(x,t)\cdot \bar{\omega}\mathrm{d}x\right]. \tag{5.1.7}$$

整理可得

$$\frac{d_i}{2}\frac{\mathrm{d}}{\mathrm{d}t}\|\omega\|^2 + \left(\frac{1}{U} - a\right)\|\omega\|^2 + \frac{c}{4m}\|\nabla\omega\|^2 + b\int_\Omega |\omega|^{p+2}\mathrm{d}x$$
$$= \frac{g}{U}\mathrm{Re}\left[\int_\Omega \varphi \cdot \bar{\omega}\mathrm{d}x\right] - d_r\mathrm{Im}\left[\int_\Omega \omega_t \cdot \bar{\omega}\mathrm{d}x\right] + \mathrm{Im}\left[\int_\Omega f(x,t)\cdot \bar{\omega}\mathrm{d}x\right]$$
$$- \gamma g\mathrm{Im}\left[\int_\Omega \varphi \cdot \bar{\omega}\mathrm{d}x\right]. \tag{5.1.8}$$

利用 Young 不等式,可得

$$\frac{g}{U}\mathrm{Re}\left[\int_\Omega \varphi \cdot \bar{\omega}\mathrm{d}x\right] \leqslant \left|\frac{g}{U}\right|\left|\frac{1}{2\varepsilon}\|\varphi\|^2 + \frac{\varepsilon}{2}\|\omega\|^2\right|,$$

$$- d_r\mathrm{Im}\left[\int_\Omega \omega_t \cdot \bar{\omega}\mathrm{d}x\right] \leqslant |d_r|\left|\frac{1}{2\varepsilon}\|\omega_t\|^2 + \frac{\varepsilon}{2}\|\omega\|^2\right|,$$

$$\mathrm{Im}\left[\int_\Omega f(x,t)\cdot \bar{\omega}\mathrm{d}x\right] \leqslant \frac{1}{2\varepsilon}\|f(x,t)\|^2 + \frac{\varepsilon}{2}\|\omega\|^2,$$

$$- \gamma g\mathrm{Im}\left[\int_\Omega \varphi \cdot \bar{\omega}\mathrm{d}x\right] \leqslant \frac{\gamma^2 g^2}{2\varepsilon}\|\varphi\|^2 + \frac{\varepsilon}{2}\|\omega\|^2.$$

将这些估计代入等式(5.1.8),得

$$\frac{d_i}{2}\frac{\mathrm{d}}{\mathrm{d}t}\|\omega\|^2 + \left(\frac{1}{U} - a\right)\|\omega\|^2 + \frac{c}{4m}\|\nabla\omega\|^2 + b\int |\omega|^{p+2}\mathrm{d}x$$
$$\leqslant \left(\frac{g}{2U} + \frac{|d_r|}{2} + 1\right)\varepsilon\|\omega\|^2 + \left(\frac{g}{2U\varepsilon} + \frac{\gamma^2 g^2}{2\varepsilon}\right)\|\varphi\|^2 + \frac{|d_r|}{2\varepsilon}\|\omega_t\|^2$$
$$+ \frac{1}{2\varepsilon}\|f(x,t)\|^2.$$

选取充分小的 ε,使得

$$\frac{g\varepsilon}{2U} + \frac{|d_r|\varepsilon}{2} + \varepsilon = \frac{1}{2}\left(\frac{1}{U} - a\right),$$

并取

$$C_1 = \max\left\{\frac{g}{2U\varepsilon} + \frac{\gamma^2 g^2}{2\varepsilon}, \frac{|d_r|}{2\varepsilon}, \frac{1}{2\varepsilon}\right\}.$$

则上式可化为

$$\frac{d_i}{2}\frac{d}{dt}\|\omega\|^2 + \left(\frac{1}{U} - a\right)\|\omega\|^2 + \frac{c}{4m}\|\nabla\omega\|^2 + b\int|\omega|^{p+2}dx$$
$$\leqslant \frac{1}{2}\left(\frac{1}{U} - a\right)\|\omega\|^2 + C_1(\|\varphi\|^2 + \|\omega_t\|^2 + \|f(x,t)\|^2). \quad (5.1.9)$$

再用$\bar{\omega}_t$乘以式(5.1.1)并积分,得

$$(d_r + id_i)\int\omega_t \cdot \bar{\omega}_t dx - i\left(a - \frac{1}{U}\right)\int_\Omega \omega \cdot \bar{\omega}_t dx - \frac{ig}{U}\left[\int\varphi \cdot \bar{\omega}_t dx\right] - \frac{ic}{4m}\int\Delta\omega \cdot \bar{\omega}_t dx$$
$$+ ib\int_\Omega |\omega|^p\omega \cdot \bar{\omega}_t dx + \gamma g\int\varphi \cdot \bar{\omega}_t dx = \int f(x,t) \cdot \bar{\omega}_t dx.$$

两边取虚部,可得

$$d_i\|\omega\|^2 + \frac{1}{2}\left(\frac{1}{U} - a\right)\frac{d}{dt}\|\omega\|^2 - \frac{g}{U}\mathrm{Re}\left[\int_\Omega\varphi \cdot \bar{\omega}_t dx\right] + \frac{c}{8m}\frac{d}{dt}\|\nabla\omega\|^2$$
$$+ \frac{b}{p+2}\frac{d}{dt}\int_\Omega|\omega|^{p+2}dx + \gamma g\mathrm{Im}\left[\int_\Omega\varphi \cdot \bar{\omega}_t dx\right] = \mathrm{Im}\left[\int_\Omega f(x,t) \cdot \bar{\omega}_t dx\right].$$
$$(5.1.10)$$

整理得

$$\frac{d}{dt}\left[\frac{1}{2}\left(\frac{1}{U} - a\right)\|\omega\|^2 + \frac{c}{8m}\|\nabla\omega\|^2 + \frac{b}{p+2}\int_\Omega|\omega|^{p+2}dx\right] + d_i\|\omega\|^2$$
$$= \frac{g}{U}\mathrm{Re}\left[\int\varphi \cdot \bar{\omega}_t dx\right] + \mathrm{Im}\left[\int f(x,t) \cdot \bar{\omega}_t dx\right] - \gamma g\mathrm{Im}\left[\int\varphi \cdot \bar{\omega}_t dx\right].$$
$$(5.1.11)$$

利用 Young 不等式,可估计

$$\frac{g}{U}\mathrm{Re}\left[\int\varphi \cdot \bar{\omega}_t dx\right] \leqslant \left|\frac{g}{U}\right|\left|\frac{1}{2\varepsilon}\|\varphi\|^2 + \frac{\varepsilon}{2}\|\omega_t\|^2\right|,$$

$$\mathrm{Im}[f(x,t) \cdot \bar{\omega}_t dx] \leqslant \frac{1}{2\varepsilon}\|f(x,t)\|^2 + \frac{\varepsilon}{2}\|\omega_t\|^2,$$

$$-\gamma g\mathrm{Im}\left[\int\varphi \cdot \bar{\omega}_t dx\right] \leqslant \frac{\gamma^2 g^2}{2\varepsilon}\|\varphi\|^2 + \frac{\varepsilon}{2}\|\omega_t\|^2.$$

将这些估计代入等式(5.1.11),得

$$\frac{\mathrm{d}}{\mathrm{d}t}\left[\frac{1}{2}\left(\frac{1}{U}-a\right)\|\omega\|^2+\frac{c}{8m}\|\nabla\omega\|^2+\frac{b}{p+2}\int_\Omega|\omega|^{p+2}\mathrm{d}x\right]+d_{\mathrm{i}}\|\omega_t\|^2$$
$$\leqslant\left|\frac{g\varepsilon}{2U}+\varepsilon\right|\|\omega_t\|+\left|\frac{g}{2U\varepsilon}+\frac{\gamma^2g^2}{2\varepsilon}\right|\|\varphi\|^2+\frac{1}{2\varepsilon}\|f(x,t)\|^2.$$

选取 ε 充分小，使得

$$\frac{g\varepsilon}{2U}+\varepsilon=\frac{d_{\mathrm{i}}}{2},$$

并令

$$C_2=\max\left\{\frac{g}{2U\varepsilon}+\frac{\gamma^2g^2}{2\varepsilon},\frac{1}{2\varepsilon}\right\}.$$

可得

$$\frac{\mathrm{d}}{\mathrm{d}t}\left[\frac{1}{2}\left(\frac{1}{U}-a\right)\|\omega\|^2+\frac{c}{8m}\|\nabla\omega\|^2+\frac{b}{p+2}\int|\omega|^{p+2}\mathrm{d}x\right]+d_{\mathrm{i}}\|\omega_t\|^2$$
$$\leqslant\frac{d_{\mathrm{i}}}{2}\|\omega_t\|^2+C_2(\|\varphi\|^2+\|f(x,t)\|^2).\tag{5.1.12}$$

接下来继续考虑有关 φ 的估计.

在方程(5.1.2)的两边同乘 $\overline{\varphi}$，并积分，得

$$\int\varphi_t\cdot\overline{\varphi}\mathrm{d}x+\gamma\int\varphi\cdot\overline{\varphi}\mathrm{d}x-\frac{\mathrm{i}g}{U}\int\omega\cdot\overline{\varphi}\mathrm{d}x+\frac{\mathrm{i}g^2}{U}\int\varphi\cdot\overline{\varphi}\mathrm{d}x+\mathrm{i}(2\nu-2\mu)\int\varphi\cdot\overline{\varphi}\mathrm{d}x$$
$$-\frac{\mathrm{i}}{4m}\int\Delta\varphi\cdot\overline{\varphi}\mathrm{d}x=\int h(x,t)\cdot\overline{\varphi}\mathrm{d}x.$$

两边取实部，得

$$\frac{1}{2}\frac{\mathrm{d}}{\mathrm{d}t}\|\varphi\|^2+\gamma\|\varphi\|^2=-\frac{g}{U}\mathrm{Im}\left[\int_\Omega\omega\cdot\overline{\varphi}\mathrm{d}x\right]+\mathrm{Re}\left[\int_\Omega h(x,t)\cdot\overline{\varphi}\mathrm{d}x\right].\tag{5.1.13}$$

由 Young 不等式，得

$$\frac{1}{2}\frac{\mathrm{d}}{\mathrm{d}t}\|\varphi\|^2+\gamma\|\varphi\|^2\leqslant\left|\frac{g}{U}\right|\left|\frac{1}{2\varepsilon}\|\omega\|^2+\frac{\varepsilon}{2}\|\varphi\|^2\right|+\frac{1}{2\varepsilon}\|h(x,t)\|^2+\frac{\varepsilon}{2}\|\varphi\|^2.$$

选取 ε 充分小，使得

$$\frac{g\varepsilon}{2U}+\frac{\varepsilon}{2}=\frac{\gamma}{2},$$

并令

$$C_3 = \max\left\{\frac{g}{2\varepsilon U}, \frac{1}{2\varepsilon}\right\}.$$

则有

$$\frac{1}{2}\frac{\mathrm{d}}{\mathrm{d}t}\|\varphi\|^2 + \gamma\|\varphi\|^2 \leqslant \frac{\gamma}{2}\|\varphi\|^2 + C_3(\|\omega\|^2 + \|h(x,t)\|^2). \tag{5.1.14}$$

在式(5.1.2)的两边同时乘以 $-\Delta\bar{\varphi}$,,并积分,得

$$\int\varphi_t\cdot(-\Delta\bar{\varphi})\mathrm{d}x + \gamma\int\varphi\cdot(-\Delta\bar{\varphi})\mathrm{d}x - \frac{\mathrm{i}g}{U}\int\omega\cdot(-\Delta\bar{\varphi})\mathrm{d}x + \frac{\mathrm{i}g^2}{U}\int\varphi\cdot(-\Delta\bar{\varphi})\mathrm{d}x$$

$$+\mathrm{i}(2\nu - 2\mu)\int\varphi\cdot(-\Delta\bar{\varphi})\mathrm{d}x - \frac{\mathrm{i}}{4m}\int\Delta\varphi\cdot(-\Delta\bar{\varphi})\mathrm{d}x = \int h(x,t)\cdot(-\Delta\bar{\varphi})\mathrm{d}x.$$

两边取实部,并利用 Young 不等式,得

$$\begin{aligned}
&\frac{1}{2}\frac{\mathrm{d}}{\mathrm{d}t}\|\nabla\varphi\|^2 + \gamma\|\nabla\varphi\|^2 \\
&= -\frac{g}{U}\mathrm{Im}\left[\int\nabla\omega\cdot\nabla\bar{\varphi}\mathrm{d}x\right] + \mathrm{Re}\left[\int\nabla h(x,t)\cdot\nabla\bar{\varphi}\mathrm{d}x\right] \\
&\leqslant \left|\frac{g}{U}\right|\int|\nabla\omega|\cdot|\nabla\varphi|\mathrm{d}x + \int|\nabla h(x,t)|\cdot|\nabla\varphi|\mathrm{d}x \\
&\leqslant \left|\frac{g}{U}\right|\left(\frac{1}{2\varepsilon}\|\nabla\omega\|^2 + \frac{\varepsilon}{2}\|\nabla\varphi\|^2\right) + \frac{1}{2\varepsilon}\|\nabla h(x,t)\|^2 + \frac{\varepsilon}{2}\|\nabla\varphi\|^2,
\end{aligned}$$

选取 ε 充分小,使得

$$\left(\left|\frac{g}{2U}\right| + \frac{1}{2}\right)\varepsilon = \frac{\gamma}{2}.$$

并令

$$C_4 = \max\left\{\left|\frac{g}{2\varepsilon U}\right|, \frac{1}{2\varepsilon}\right\},$$

则有

$$\frac{1}{2}\frac{\mathrm{d}}{\mathrm{d}t}\|\nabla\varphi\|^2 + \gamma\|\nabla\varphi\|^2 \leqslant \frac{\gamma}{2}\|\nabla\varphi\|^2 + C_4(\|\nabla h(x,t)\|^2 + \|\nabla\omega\|^2). \tag{5.1.15}$$

现在,分别用 k_1 乘以式(5.1.9),k_2 乘以式(5.1.14),k_3 乘以式(5.1.15),k_4 乘以式(5.1.12),可得

$$\frac{k_1 d_i}{2}\frac{d}{dt}\|\omega\|^2 + k_1\left(\frac{1}{U} - a\right)\|\omega\|^2 + \frac{k_1 c}{4m}\|\nabla\omega\|^2 + k_1 b\int_\Omega |\omega|^{p+2}dx$$
$$\leqslant \frac{k_1}{2}\left(\frac{1}{U} - a\right)\|\omega\|^2 + C_1 k_1(\|\varphi\|^2 + \|\omega_t\|^2 + \|f(x,t)\|^2), \tag{5.1.16}$$

$$\frac{k_2}{2}\frac{d}{dt}\|\varphi\|^2 + k_2\gamma\|\varphi\|^2 \leqslant \frac{k_2\gamma}{2}\|\varphi\|^2 + C_3 k_2(\|\omega\|^2 + \|h(x,t)\|^2), \tag{5.1.17}$$

$$\frac{k_3}{2}\frac{d}{dt}\|\nabla\varphi\|^2 + \gamma k_3\|\nabla\varphi\|^2 \leqslant \frac{k_3\gamma}{2}\|\nabla\varphi\|^2 + k_3 C_4(\|\nabla h(x,t)\|^2 + \|\nabla\omega\|^2), \tag{5.1.18}$$

$$\frac{d}{dt}\left[\frac{k_4}{2}\left(\frac{1}{U} - a\right)\|\omega\|^2 + \frac{ck_4}{8m}\|\nabla\omega\|^2 + \frac{bk_4}{p+2}\int |\omega|^{p+2}dx\right] + k_4 d_i\|\omega_t\|^2$$
$$\leqslant \frac{k_4 d_i}{2}\|\omega_t\|^2 + C_2 k_4(\|\varphi\|^2 + \|f(x,t)\|^2). \tag{5.1.19}$$

将这些式子相加,得

$$\frac{d}{dt}\left[\frac{1}{2}\left(k_1 d_i + k_4\left(\frac{1}{U} - a\right)\right)\|\omega\|^2 + \frac{ck_4}{8m}\|\nabla\omega\|^2\right.$$
$$\left. + \frac{bk_4}{p+2}\int_\Omega |\omega|^{p+2}dx + \frac{k_2}{2}\|\varphi\|^2 + \frac{k_3}{2}\|\nabla\varphi\|^2\right]$$
$$+ \left[\frac{k_1}{2}\left(\frac{1}{U} - a\right) - C_3 k_2\right]\|\omega\|^2 + \left(\frac{k_1 c}{4m} - C_4 k_3\right)\|\nabla\omega\|^2 + k_1 b\int_\Omega |\omega|^{p+2}dx$$
$$+ \left(\frac{\gamma k_2}{2} - C_1 k_1 - C_2 k_4\right)\|\varphi\|^2 + \frac{\gamma k_3}{2}\|\nabla\varphi\|^2 + \left(\frac{k_4 d_i}{2} - C_1 k_1\right)\|\omega_t\|^2$$
$$\leqslant (C_1 k_1 + C_2 k_4)\|f(x,t)\|^2 + C_3 k_2\|h(x,t)\|^2 + C_4 k_3\|\nabla h(x,t)\|^2.$$

并选取适当的正常数 k_1, k_2, k_3, k_4,使得

$$\frac{k_1}{2}\left(\frac{1}{U} - a\right) - C_3 k_2 > 0,\quad \frac{k_1 c}{4m} - C_4 k_3 > 0,\quad \frac{\gamma k_2}{2} - C_1 k_1 - C_2 k_4 > 0,$$
$$\frac{\gamma k_3}{2} > 0,\quad \frac{d_i}{2}k_4 - C_1 k_1 > 0,$$

则有

$$\frac{d}{dt}E_1(t) + C_5 E_1(t) + C_5\|\omega_t\|^2 \leqslant C_6. \tag{5.1.20}$$

其中

$$E_1(t) = \frac{1}{2}\left[k_1 d_i + k_4\left(\frac{1}{U} - a\right)\right]\|\omega\|^2 + \frac{ck_4}{8m}\|\nabla\omega\|^2 + \frac{bk_4}{p+2}\int_\Omega |\omega|^{p+2}dx$$

$$+\frac{k_2}{2}\|\varphi\|^2+\frac{k_3}{2}\|\nabla\varphi\|^2.$$

利用 Gronwall 不等式,得

$$E_1(t)\leqslant \mathrm{e}^{-C_5 t}E_1(0)+\frac{C_6}{C_5}\quad(\forall\, t\geqslant 0),\tag{5.1.21}$$

其中常数 $C_5, C_6>0$.

再令

$$E_2(t)=\|\omega(t)\|_{H^1}^2+\|\omega(t)\|_{L^{p+2}}^{p+2}+\|\varphi(t)\|_{H^1}^2,$$

则有

$$C_7E_2(t)\leqslant E_1(t)\leqslant C_8E_2(t).$$

结合式(5.1.20)的估计,得

$$\begin{aligned}&\|\omega(t)\|_{H^1}^2+\|\varphi(t)\|_{H^1}^2\\&\leqslant E_2(t)\leqslant\frac{1}{C_7}E_1(t)\\&\leqslant\frac{1}{C_7}\mathrm{e}^{-C_5 t}E_1(0)+\frac{C_6}{C_5C_7}\\&\leqslant\frac{C_8}{C_7}\mathrm{e}^{-C_5 t}(\|\omega(0)\|_{H^1}^2+\|\omega(0)\|_{L^{p+2}}^{p+2}+\|\varphi(0)\|_{H^1}^2)+\frac{C_6}{C_5C_7}.\end{aligned}\tag{5.1.22}$$

这里 C_7, C_8, C_9 为常数,其中 $C_8=\max\left\{\frac{1}{2}\left(k_1d_{\mathrm{i}}+\frac{1}{U}-a\right),\frac{c}{8m},\frac{b}{p+2},\frac{k_2}{2},\frac{k_3}{2}\right\}$.

于是,定理 5.1.4 即证.

定理 5.1.5 假设(ω,φ)是初边值问题(5.1.1)～(5.1.4)的弱解,满足定理 5.1.2 的假设条件,则下列估计成立:

$$\|\omega(t)\|_{H^2(\Omega)}\leqslant C\left(1+\frac{1}{\gamma}\right)\quad(\forall\, t\geqslant\gamma>0),\qquad \|\varphi\|_{H^2(\Omega)}\leqslant C_{10}.$$

这里 C 和 C_{10} 是依赖于 $\|\omega_0\|_{H^1}$, $\|\varphi_0\|_{H^1}$, Ω, $f(x,t)$, $h(x,t)$ 和初边值问题(5.1.1)～(5.1.4)的耦合系数,但不依赖于时间变量 t 的常数.

证明 对任意的 $t\geqslant 0$,和 $\gamma>0$,将不等式(5.1.20)的两边关于时间变量在 t 到 $t+\tau$ 积分,并结合式(5.1.22)的估计可推出

$$\int_t^{t+\tau}(\|\omega(\tau)\|_{H^1}^2+\|\omega(\tau)\|_{L^{p+2}}^{p+2}+\|\varphi(\tau)\|_{H^1}^2+\|\omega_t(\tau)\|^2)\mathrm{d}\tau\leqslant C.\tag{5.1.23}$$

用方程(5.1.1)乘以$-\Delta\bar{\omega}$,在Ω上积分,得

$$(d_{\mathrm{r}}+\mathrm{i}d_{\mathrm{i}})\int\omega_t\cdot(-\Delta\bar{\omega})\mathrm{d}x-\mathrm{i}\left(a-\frac{1}{U}\right)\int\omega\cdot(-\Delta\bar{\omega})\mathrm{d}x-\frac{\mathrm{i}g}{U}\int\varphi\cdot(-\Delta\bar{\omega})\mathrm{d}x$$

$$-\frac{\mathrm{i}c}{4m}\int\Delta\omega\cdot(-\Delta\bar{\omega})\mathrm{d}x+\mathrm{i}b\int\nabla(|\omega|^p\omega)\cdot\nabla\bar{\omega}\mathrm{d}x+\gamma g\int\varphi\cdot(-\Delta\bar{\omega})\mathrm{d}x$$

$$=\int f(x,t)\cdot(-\Delta\bar{\omega})\mathrm{d}x.$$

两边取虚部,可得

$$-d_{\mathrm{r}}\mathrm{Im}\left[\int\omega_t\cdot\Delta\bar{\omega}\mathrm{d}x\right]+\frac{d_{\mathrm{i}}}{2}\frac{\mathrm{d}}{\mathrm{d}t}\|\nabla\omega\|+\left(\frac{1}{U}-a\right)\|\nabla\omega\|^2+\frac{g}{U}\mathrm{Re}\left[\int\varphi\cdot\Delta\bar{\omega}\mathrm{d}x\right]$$

$$+\frac{c}{4m}\|\nabla\omega\|^2+b\left(\frac{p}{2}+1\right)\mathrm{Re}\left[\int|\omega|^p\,|\nabla\omega|^2\mathrm{d}x\right]$$

$$+\frac{pb}{2}\mathrm{Re}\left[\int|\omega|^{p-2}\cdot\omega^2\cdot(\nabla\bar{\omega})^2\mathrm{d}x\right]$$

$$+\gamma g\mathrm{Im}\left[\int\varphi\cdot(-\Delta\bar{\omega})\mathrm{d}x\right]=-\mathrm{Im}\left[\int f(x,t)\cdot\Delta\bar{\omega}\mathrm{d}x\right].$$

利用 Young 不等式,整理可得

$$\frac{d_{\mathrm{i}}}{2}\frac{\mathrm{d}}{\mathrm{d}t}\|\nabla\omega\|^2+\left(\frac{1}{U}-a\right)\|\nabla\omega\|^2+\frac{c}{4m}\|\Delta\omega\|^2+b\left(\frac{p}{2}+1\right)\mathrm{Re}\left[\int|\omega|^p\,|\nabla\omega|^2\mathrm{d}x\right]$$

$$=-\frac{g}{U}\mathrm{Re}\left[\int\varphi\cdot\Delta\bar{\omega}\mathrm{d}x\right]-\frac{pb}{2}\mathrm{Re}\left[\int_\Omega|\omega|^{p-2}\omega^2\,(\nabla\bar{\omega})^2\mathrm{d}x\right]+d_{\mathrm{r}}\mathrm{Im}\left[\int\omega_t\cdot\Delta\bar{\omega}\mathrm{d}x\right]$$

$$+\gamma g\mathrm{Im}\left[\int\varphi\cdot\Delta\bar{\omega}\mathrm{d}x\right]-\mathrm{Im}\left[\int_\Omega f(x,t)\cdot\Delta\bar{\omega}\mathrm{d}x\right]$$

$$\leqslant\frac{c}{8m}\|\Delta\omega\|^2+\frac{pb}{2}\int_\Omega|\omega|^p|\nabla\omega|^2\mathrm{d}x+C_9(\|\omega_t\|^2+\|\varphi\|^2+\|f(x,t)\|^2).$$

对上述不等式从t到$t+\tau$上积分,并结合式(5.1.23),可推出

$$\int_t^{t+\tau}\|\omega(\tau)\|_{H^2}^2\mathrm{d}\tau\leqslant C.\tag{5.1.24}$$

接下来,用方程(5.1.1)乘$-\Delta\overline{\omega_t}$,并在$\Omega$上积分,得

$$(d_{\mathrm{r}}+\mathrm{i}d_{\mathrm{i}})\int\omega_t\cdot(-\Delta\omega_t)\mathrm{d}x-\mathrm{i}\left(a-\frac{1}{U}\right)\int\omega\cdot(-\Delta\omega_t)\mathrm{d}x-\frac{\mathrm{i}g}{U}\int\varphi\cdot(-\Delta\omega_t)\mathrm{d}x$$

$$-\frac{\mathrm{i}c}{4m}\int\Delta\omega\cdot(-\Delta\omega_t)\mathrm{d}x+\mathrm{i}b\int|\omega|^p\omega\cdot(-\Delta\omega_t)\mathrm{d}x+\gamma g\int\varphi\cdot(-\Delta\omega_t)\mathrm{d}x$$

$$=\int f(x,t)\cdot(-\Delta\omega_t)\mathrm{d}x.$$

两边选取虚部,可得

$$d_{\mathrm{i}}\|\nabla\omega_t\|^2+\frac{\left(\frac{1}{U}-a\right)}{2}\frac{\mathrm{d}}{\mathrm{d}t}\|\nabla\omega\|^2-\frac{g}{U}\mathrm{Re}\left[\int\varphi\cdot(-\Delta\bar{\omega}_t)\mathrm{d}x\right]+\frac{c}{8m}\frac{\mathrm{d}}{\mathrm{d}t}\|\Delta\omega\|^2$$

$$+b\mathrm{Re}\left[\int(|\omega|^p\omega)\cdot(-\Delta\bar{\omega}_t)\mathrm{d}x\right]+\gamma g\mathrm{Im}\left[\int\varphi\cdot(-\Delta\bar{\omega}_t)\mathrm{d}x\right]$$

$$=\mathrm{Im}\left[\int f(x,t)\cdot(-\Delta\bar{\omega}_t)\mathrm{d}x\right].$$

结合 Young 不等式,整理得

$$\frac{\mathrm{d}}{\mathrm{d}t}\left[\frac{1}{2}\left(\frac{1}{U}-a\right)\|\nabla\omega\|^2+\frac{c}{8m}\|\Delta\omega\|^2\right]+d_{\mathrm{i}}\|\nabla\omega_t\|^2$$

$$=\frac{g}{U}\mathrm{Re}\left[\int_\Omega\nabla\varphi\cdot(\nabla\bar{\omega}_t)\mathrm{d}x\right]-b\mathrm{Re}\left[\int_\Omega\nabla(|\omega|^p\omega)\cdot(\nabla\bar{\omega}_t)\mathrm{d}x\right]$$

$$-\gamma g\mathrm{Im}\left[\int\varphi\cdot(-\Delta\bar{\omega}_t)\mathrm{d}x\right]$$

$$+\mathrm{Im}\left[\int f(x,t)\cdot(-\Delta\bar{\omega}_t)\mathrm{d}x\right]$$

$$=\frac{g}{U}\mathrm{Re}\left[\int_\Omega\nabla\varphi\cdot(\nabla\bar{\omega}_t)\mathrm{d}x\right]-b\mathrm{Re}\left[\int_\Omega\left(\frac{p}{2}+1\right)|\omega|^p\nabla\omega\cdot\nabla\bar{\omega}_t\mathrm{d}x\right]$$

$$-\frac{bp}{2}\mathrm{Re}\left[\int_\Omega|\omega|^{p-2}\omega^2\nabla\bar{\omega}\cdot\nabla\bar{\omega}_t\mathrm{d}x\right]-\gamma g\mathrm{Im}\left[\int\varphi\cdot(-\Delta\bar{\omega}_t)\mathrm{d}x\right]$$

$$+\mathrm{Im}\left[\int f(x,t)\cdot(-\Delta\bar{\omega}_t)\mathrm{d}x\right]$$

$$\leqslant\frac{d_{\mathrm{i}}}{2}\|\nabla\bar{\omega}_t\|^2+C\left(\|\nabla\varphi\|^2+\|\nabla f(x,t)\|^2+\int_\Omega|\omega|^{2p}|\nabla\omega|^2\mathrm{d}x\right)$$

$$\leqslant\frac{d_{\mathrm{i}}}{2}\|\nabla\bar{\omega}_t\|^2+C\left(\|\nabla\varphi\|^2+\|\nabla f(x,t)\|^2+\int_\Omega|\omega|_{L^\infty}^{2p}|\nabla\omega|_{H^1}^2\mathrm{d}x\right).$$

然后,利用 Agmon 不等式可得

$$\|\omega\|_{L^\infty}^2\leqslant C(\Omega)\|\nabla\omega\|\cdot\|\Delta\omega\|.$$

所以

$$\|\omega\|_{L^\infty}^{2p}\|\omega\|_{H^1}^2\leqslant C(\Omega)\|\nabla\omega\|^p\|\Delta\omega\|^p\leqslant C(\Omega)\|\nabla\omega\|_{H^1}^{2+p}\|\Delta\omega\|^p.$$

通过计算,得

$$\frac{\mathrm{d}}{\mathrm{d}t}\left[\frac{1}{2}\left(\frac{1}{U}-a\right)\|\nabla\omega\|^2+\frac{c}{8m}\|\Delta\omega\|^2\right]+d_{\mathrm{i}}\|\nabla\omega_t\|^2$$

$$\leqslant \frac{d_{\mathrm{i}}}{2}\|\nabla\omega_t\|^2 + C(\|\nabla\varphi\|^2 + \|\nabla f(x,t)\|^2 + \|\omega\|_{H^1}^{2+p}\|\Delta\omega\|^p).$$

则有

$$\frac{\mathrm{d}}{\mathrm{d}t}y(t) \leqslant Ch_1(t)y(t) + Ch_2(t).$$

其中

$$y(t) = \frac{1}{2}\left(\frac{1}{U} - a\right)\|\nabla\omega(t)\|^2 + \frac{c}{8m}\|\Delta\omega(t)\|^2$$

$$h_1(t) = \|\omega(t)\|_{H^1}^{2+p},\quad h_2(t) = \|\varphi(t)\|_{H^1}^2 + \|f(x,t)\|_{H^1}^2.$$

应用 Gronwall 引理,可以推出

$$y(t+\gamma) \leqslant C\left(1 + \frac{1}{\gamma}\right)\quad (\forall\, t \geqslant 0). \tag{5.1.25}$$

再用方程(5.1.2)乘以$\nabla^4\bar{\varphi}$,并积分,得

$$\begin{aligned}\int \varphi_t \cdot \nabla^4\bar{\varphi}\mathrm{d}x = &-\gamma\int\varphi\cdot\nabla^4\bar{\varphi}\mathrm{d}x + \frac{\mathrm{i}g}{U}\int\omega\cdot\nabla^4\bar{\varphi}\mathrm{d}x \\ &- \frac{\mathrm{i}g^2}{U}\|\Delta\varphi\|^2 - \mathrm{i}(2\nu - 2\mu)\|\Delta\omega\|^2 \\ &+ \frac{\mathrm{i}}{4m}\int\nabla\varphi\cdot\nabla^4\bar{\varphi}\mathrm{d}x + \int h(x,t)\cdot\nabla^4\bar{\varphi}\mathrm{d}x.\end{aligned}$$

两边取实部,可得

$$\frac{1}{2}\frac{\mathrm{d}}{\mathrm{d}t}\|\Delta\varphi\|^2 = -\gamma\|\Delta\varphi\|^2 + \mathrm{Re}\left[\frac{\mathrm{i}g}{U}\int\Delta\omega\cdot\Delta\bar{\varphi}\mathrm{d}x\right] + \mathrm{Re}\left[\int h(x,t)\cdot\nabla^4\bar{\varphi}\mathrm{d}x\right].$$

利用 Young 不等式,可得方程

$$\begin{aligned}\frac{1}{2}\frac{\mathrm{d}}{\mathrm{d}t}\|\Delta\varphi\|^2 = &-\gamma\|\Delta\varphi\|^2 + \left|\frac{g}{U}\right|\left|\frac{1}{2\varepsilon}\|\Delta\omega\|^2 + \frac{\varepsilon}{2}\|\Delta\varphi\|^2\right| \\ &+ \left|\frac{1}{2\varepsilon}\|\Delta h(x,t)\|^2 + \frac{\varepsilon}{2}\|\Delta\varphi\|^2\right|.\end{aligned}$$

整理可得

$$\frac{1}{2}\frac{\mathrm{d}}{\mathrm{d}t}\|\Delta\varphi\|^2 = \left(-\gamma + \frac{|g|\varepsilon}{2|U|} + \frac{\varepsilon}{2}\right)\|\Delta\varphi\|^2 + \frac{|g|}{2|U|\varepsilon}\|\Delta\omega\|^2 + \frac{1}{2\varepsilon}\|\Delta h(x,t)\|^2.$$

选取充分小的 ε,使得

$$-\gamma + \frac{|g|\varepsilon}{2|U|} + \frac{\varepsilon}{2} < 0.$$

根据方程(5.1.25)和 Gronwall 不等式,可得

$$\|\varphi\|_{H^2}^2 \leqslant C_{10}.$$

最后,介绍弱解唯一性的证明.

证明 设(ω_1,φ_1),(ω_2,φ_2)是初边值问题(5.1.1)~(5.1.4)的任意两个不相等的弱解,令

$$\omega = \omega_1 - \omega_2, \quad \varphi = \varphi_1 - \varphi_2,$$

可得方程

$$d\omega_t + \mathrm{i}\left(\frac{1}{U} - a\right)\omega - \frac{\mathrm{i}g}{U}\varphi - \frac{\mathrm{i}c}{4m}\Delta\omega + \mathrm{i}b(|\omega_1|^p\omega_1 - |\omega_2|^p\omega_2) + \gamma g\varphi = 0, \tag{5.1.26}$$

$$\varphi_t + \gamma\varphi - \frac{\mathrm{i}g}{U}\omega + \frac{\mathrm{i}g^2}{U}\varphi - \mathrm{i}(2\upsilon - 2\mu)\varphi - \frac{\mathrm{i}}{4m}\Delta\varphi = 0. \tag{5.1.27}$$

用方程(5.1.26)乘以$\bar{\omega}_t$,积分得

$$(d_{\mathrm{r}} + \mathrm{i}d_{\mathrm{i}})\int\omega_t\cdot\bar{\omega}_t\mathrm{d}x + \mathrm{i}\left(\frac{1}{U} - a\right)\int\omega\cdot\bar{\omega}_t\mathrm{d}x - \frac{\mathrm{i}g}{U}\int\varphi\cdot\bar{\omega}_t\mathrm{d}x - \frac{\mathrm{i}c}{4m}\int\Delta\omega\cdot\bar{\omega}_t\mathrm{d}x$$

$$+ \mathrm{i}b\int(|\omega_1|^p\omega_1 - |\omega_2|^p\omega_2)\cdot\bar{\omega}_t\mathrm{d}x + \gamma g\int\varphi\cdot\bar{\omega}_t\mathrm{d}x = 0,$$

两边取虚部,得

$$d_{\mathrm{i}}\|\omega_t\|^2 + \frac{\left(\frac{1}{U} - a\right)}{2}\frac{\mathrm{d}}{\mathrm{d}t}\|\omega\|^2 - \frac{g}{U}\mathrm{Re}\left[\int\varphi\cdot\bar{\omega}_t\mathrm{d}x\right] + \frac{c}{8m}\frac{\mathrm{d}}{\mathrm{d}t}\|\nabla\omega\|^2$$

$$+ b\mathrm{Re}\left[\int(|\omega_1|^p\omega_1 - |\omega_2|^p\omega_2)\cdot\bar{\omega}_t\mathrm{d}x\right] + \gamma d\,\mathrm{Im}\left[\int\varphi\cdot\bar{\omega}_t\mathrm{d}x\right] = 0.$$

整理得

$$\frac{\mathrm{d}}{\mathrm{d}t}\left[\frac{1}{2}\left(\frac{1}{U} - a\right)\|\omega\|^2 + \frac{c}{8m}\|\nabla\omega\|^2\right] + d_{\mathrm{i}}\|\omega_t\|^2$$

$$= \frac{g}{U}\mathrm{Re}\left[\int\varphi\cdot\bar{\omega}_t\mathrm{d}x\right] - b\mathrm{Re}\left[\int(|\omega_1|^p\omega_1 - |\omega_2|^p\omega_2)\cdot\bar{\omega}_t\mathrm{d}x\right]$$

$$- \gamma g\mathrm{Im}\left[\int\varphi\cdot\bar{\omega}_t\mathrm{d}x\right].$$

利用 Young 不等式,可得

$$\frac{g}{U}\mathrm{Re}\left[\int\varphi\cdot\bar{\omega}_t\mathrm{d}x\right] \leqslant \frac{g^2}{2U^2\varepsilon}\|\varphi\|^2 + \frac{\varepsilon}{2}\|\omega_t\|^2,$$

$$-\gamma g \mathrm{Im}\left[\int \varphi \cdot \bar{\omega}_t \mathrm{d}x\right] \leqslant \frac{\gamma^2 g^2}{2\varepsilon}\|\varphi\|^2 + \frac{\varepsilon}{2}\|\omega_t\|^2.$$

进而,可得

$$\frac{\mathrm{d}}{\mathrm{d}t}\left[\frac{1}{2}\left(\frac{1}{U}-a\right)\|\omega\|^2 + \frac{c}{8m}\|\nabla\omega\|^2\right] + d_{\mathrm{i}}\|\omega_t\|^2$$

$$\leqslant \left(\frac{g^2}{2U^2\varepsilon} + \frac{\gamma^2 g^2}{2\varepsilon}\right)\|\varphi\|^2 + \varepsilon\|\omega_t\|^2 - b\mathrm{Re}\left[\int |\omega_1|^p\omega_1 - |\omega_2|^p\omega_2 \cdot \bar{\omega}_t \mathrm{d}x\right].$$

令

$$C = \frac{g^2}{2U^2\varepsilon} + \frac{\gamma^2 g^2}{2\varepsilon}, \quad \varepsilon = \frac{d_{\mathrm{i}}-1}{2},$$

而且注意到

$$\left||\omega_1|^p\omega_1 - |\omega_2|^p\omega_2\right| \leqslant (p+1)\sup(|\omega_1|^p, |\omega_2|^p)|\omega_1-\omega_2|,$$

利用 Holder 不等式和 Agmon 不等式,得

$$\frac{\mathrm{d}}{\mathrm{d}t}\left[\frac{1}{2}\left(\frac{1}{U}-a\right)\|\omega\|^2 + \frac{c}{8m}\|\nabla\omega\|^2\right] + d_{\mathrm{i}}\|\omega_t\|^2$$

$$\leqslant C\|\varphi\|^2 + \frac{d_{\mathrm{i}}-1}{2}\|\omega_t\|^2 + b(p+1)\int \sup(|\omega_1|^p, |\omega_2|^p)|\omega_1-\omega_2| \cdot |\omega_t| \mathrm{d}x$$

$$\leqslant C\|\varphi\|^2 + \frac{d_{\mathrm{i}}-1}{2}\|\omega_t\|^2 + Cb(p+1)(\|\omega_1\|_{H_2}, \|\omega_2\|_{H_2})\int |\omega_1-\omega_2| \cdot |\omega_t| \mathrm{d}x$$

$$\leqslant C\|\varphi\|^2 + \frac{d_{\mathrm{i}}-1}{2}\|\omega_t\|^2 + \frac{Cb^2(p+1)^2}{2}(\|\omega_1\|_{H_2}, \|\omega_2\|_{H_2})^2\|\omega\|^2 ++ \frac{1}{2}\|\omega_t\|^2$$

$$= C\|\varphi\|^2 + \frac{d_{\mathrm{i}}}{2}2^{+} \frac{Cb^2(p+1)^2}{2}(\|\omega_1\|_{H_2}, \|\omega_2\|_{H_2})^2\|\omega\|^2. \tag{5.1.28}$$

用类似的方法估计$\|\varphi\|^2$,$\|\nabla\varphi\|^2$,可证明弱解 φ 的唯一性.

首先,用方程(5.1.27)乘以 $\bar{\varphi}$,并积分,得

$$\int \varphi_t \cdot \bar{\varphi}\mathrm{d}x + \gamma\int \varphi \cdot \bar{\varphi}\mathrm{d}x - \frac{\mathrm{i}g}{U}\int \omega \cdot \bar{\varphi}\mathrm{d}x + \frac{\mathrm{i}g^2}{U}\int \varphi \cdot \bar{\varphi}\mathrm{d}x - \mathrm{i}(2\nu - 2\mu)\int \varphi \cdot \bar{\varphi}\mathrm{d}x$$

$$-\frac{\mathrm{i}}{4m}\int \Delta\varphi \cdot \bar{\varphi}\mathrm{d}x = 0.$$

两边取实部,可得

$$\frac{1}{2}\frac{\mathrm{d}}{\mathrm{d}t}\|\varphi\|^2 + \gamma\|\varphi\|^2 + \frac{g}{U}\mathrm{Im}\left[\int \omega \cdot \bar{\varphi}\mathrm{d}x\right] = 0. \tag{5.1.29}$$

其次,用方程(5.1.27)乘以 $-\Delta\bar{\varphi}$,并积分,得

$$\int\varphi_t\cdot(-\Delta\overline{\varphi})\mathrm{d}x+\gamma\int\varphi\cdot(-\Delta\overline{\varphi})\mathrm{d}x-\frac{\mathrm{i}g}{U}\int\omega\cdot(-\Delta\overline{\varphi})\mathrm{d}x+\frac{\mathrm{i}g^2}{U}\int\varphi\cdot(-\Delta\overline{\varphi})\mathrm{d}x$$

$$-\mathrm{i}(2\nu-2\mu)\int\varphi\cdot(-\Delta\overline{\varphi})\mathrm{d}x-\frac{\mathrm{i}}{4m}\int\Delta\varphi\cdot(-\Delta\overline{\varphi})\mathrm{d}x=0.$$

两边取实部,可得

$$\frac{1}{2}\frac{\mathrm{d}}{\mathrm{d}t}\|\nabla\varphi\|^2+\gamma\|\nabla\varphi\|^2+\frac{g}{U}\mathrm{Im}\left[\int\omega\cdot(-\Delta\overline{\varphi})\mathrm{d}x\right]=0.\tag{5.1.30}$$

结合式(5.1.29)和式(5.1.30),由 Young 不等式,得

$$\begin{aligned}&\frac{1}{2}\frac{\mathrm{d}}{\mathrm{d}t}(\|\varphi\|^2+\|\nabla\varphi\|^2)+\gamma(\|\varphi\|^2+\|\nabla\varphi\|^2)\\&=-\frac{g}{U}\mathrm{Im}\left[\int_\Omega(\omega\cdot\overline{\varphi}+\nabla\omega\cdot\nabla\overline{\varphi})\mathrm{d}x\right]\\&\leqslant\frac{\gamma}{2}(\|\varphi\|^2+\|\nabla\varphi\|^2)+C(\|\omega\|^2+\|\nabla\omega\|^2).\end{aligned}$$

根据式(5.1.28),可得

$$\begin{aligned}&\frac{\mathrm{d}}{\mathrm{d}t}\left[\frac{1}{2}\left(\frac{1}{U}-a\right)\|\omega\|^2+\frac{c}{8m}\|\nabla\omega\|^2+\|\varphi\|^2+\|\nabla\varphi\|^2\right]\\&\quad+d_{\mathrm{i}}\|\omega_t\|^2+\gamma(\|\varphi\|^2+\|\nabla\varphi\|^2)\\&\leqslant C\|\varphi\|^2+\frac{d_{\mathrm{i}}}{2}\|\omega_t\|^2+\frac{\gamma}{2}(\|\varphi\|^2+\|\nabla\varphi\|^2)+C(\|\omega\|^2+\|\nabla\omega\|^2)\\&\quad+C(\|\omega_1\|_{H^2},\|\omega_2\|_{H^2})^2\|\omega\|^2.\end{aligned}$$

结合定理 5.1.2 和定理 5.1.5 及 Gronwall 引理,即得

$$\omega=0,\quad\varphi=0.$$

唯一性定理证明完毕.

定理 5.1.6 在条件(a)~(c)的假设下,下列估计成立.

$$\|\omega\|_{p+2}^{p+2}\leqslant C,\quad\|\omega\|_{2p+2}^{2p+2}\leqslant C,$$

这里 C 是不依赖时间变量 t 的常数.

证明 方程(5.1.1)可改写为

$$\omega_t=\frac{\mathrm{i}}{d}\left(a-\frac{1}{U}\right)\omega+\frac{\mathrm{i}g}{\mathrm{d}U}\varphi+\frac{\mathrm{i}c}{4md}\Delta\omega-\frac{\mathrm{i}b}{d}\int|\omega|^p\omega\mathrm{d}x-\frac{\gamma g}{d}\varphi+\frac{1}{d}f(x,t),\tag{5.1.31}$$

用 $|\omega|^p\overline{\omega}$ 乘以方程(5.1.31)的两边并积分,得

$$\int \omega_t \cdot |\omega|^p \bar{\omega} \mathrm{d}x = \left(\frac{\mathrm{i}a}{d} - \frac{\mathrm{i}}{dU}\right)\int \omega \cdot |\omega|^p \bar{\omega} \mathrm{d}x + \frac{\mathrm{i}g}{dU}\int \varphi \cdot |\omega|^p \bar{\omega} \mathrm{d}x$$
$$+ \frac{\mathrm{i}c}{4md}\int \Delta\omega \cdot |\omega|^p \bar{\omega} \mathrm{d}x - \frac{\mathrm{i}b}{d}\int |\omega|^p \omega \cdot |\omega|^p \bar{\omega} \mathrm{d}x$$
$$- \frac{\gamma g}{d}\int \varphi \cdot |\omega|^p \bar{\omega} \mathrm{d}x + \frac{1}{d}\int f(x,t) \cdot |\omega|^p \bar{\omega} \mathrm{d}x.$$

两边取实部,可得

$$\frac{1}{p+2}\frac{\mathrm{d}}{\mathrm{d}t}\|\omega\|_{p+2}^{p+2}$$
$$= \mathrm{Re}\left[\frac{\mathrm{i}c}{4md}\int \Delta\omega \cdot |\omega|^p \bar{\omega} \mathrm{d}x\right] + \frac{d_{\mathrm{i}}}{|d|^2}\left(a - \frac{1}{U}\right)\|\omega\|_{p+2}^{p+2}$$
$$+ \mathrm{Re}\left[\frac{\mathrm{i}g}{dU}\int \varphi \cdot |\omega|^p \bar{\omega} \mathrm{d}x\right] - \frac{bd_{\mathrm{i}}}{|d|^2}\|\omega\|_{2p+2}^{2p+2} - \mathrm{Re}\left[\frac{\gamma g}{d}\int \varphi \cdot |\omega|^p \bar{\omega} \mathrm{d}x\right]$$
$$+ \mathrm{Re}\left[\frac{1}{d}\int f(x,t) \cdot |\omega|^p \bar{\omega} \mathrm{d}x\right].$$

利用 Young 不等式和定理 5.1.4 及定理 5.1.5,可得

$$\frac{1}{p+2}\frac{\mathrm{d}}{\mathrm{d}t}\|\omega\|_{p+2}^{p+2}$$
$$\leqslant \frac{c^2}{32\varepsilon m^2 d^2}\|\Delta\omega\|^2 + \frac{\varepsilon}{2}\|\omega\|_{2p+2}^{2p+2} + \frac{d_{\mathrm{i}}}{|d|^2}\left(a - \frac{1}{U}\right)\|\omega\|_{p+2}^{p+2} + \frac{g^2}{2\varepsilon d^2 U^2}\|\varphi\|^2$$
$$+ \frac{\varepsilon}{2}\|\omega\|_{2p+2}^{2p+2} - \frac{bd_{\mathrm{i}}}{|d|^2}\|\omega\|_{2p+2}^{2p+2} + \frac{\gamma^2 g^2}{2\varepsilon d^2}\|\varphi\|^2 + \frac{\varepsilon}{2}\|\omega\|_{2p+2}^{2p+2}$$
$$+ \frac{1}{2\varepsilon |d|^2}\|f(x,t)\|_2^2 + \frac{\varepsilon}{2}\|\omega\|_{2p+2}^{2p+2}$$
$$\leqslant \frac{d_{\mathrm{i}}}{|d|^2}\left(a - \frac{1}{U}\right)\|\omega\|_{p+2}^{p+2} + \left(2\varepsilon - \frac{bd_{\mathrm{i}}}{|d|^2}\right)\|\omega\|_{2p+2}^{2p+2}$$
$$+ C(\|\Delta\omega\|^2 + \|\varphi\|^2 + \|f(x,t)\|^2).$$

这里

$$C = \max\left\{\frac{c^2}{32\varepsilon^2 m^2 d^2}, \frac{g^2}{2\varepsilon\ |d|^2 U^2} + \frac{\gamma^2 g^2}{2\varepsilon d^2}, \frac{1}{2\varepsilon d^2}\right\}.$$

选取充分小的 ε,使得

$$2\varepsilon = \frac{bd_{\mathrm{i}}}{|d|^2},$$

利用 Gronwall 不等式,可得

$$\|\omega\|_{p+2}^{p+2} \leqslant C.$$

利用 Gagliardo-Nirenberg 不等式,可得

$$\|f\|_P \leqslant C_G \|f\|_{H^k}^{\theta} \|f\|_Q^{1-\theta},\text{其中}\frac{1}{P} = \theta\left(\frac{1}{2} - k\right) + (1-\theta)\cdot\frac{1}{Q}.$$

得到 Agmon 不等式

$$\|\omega\|_{2p+2} \leqslant C_G \|\omega\|_{H^1}^{\frac{p}{(p+1)(p+4)}} \cdot \|\omega\|_{p+2}^{\frac{(p+2)^2}{(p+1)(p+4)}},$$

这里 $P = p+2, k=1, \theta = \dfrac{p}{(p+1)(p+4)}$,且 $Q = p+2$.

$$\begin{aligned}
\|\omega\|_{2p+2}^{2p+1} &\leqslant C_G^{2p+2} \|\omega\|_{H^1}^{\frac{2p}{p+4}} \cdot \|\omega\|_{p+2}^{\frac{2(p+2)^2}{p+4}} \\
&\leqslant C_G^{2p+2} \|\omega\|_{H^1}^2 + C_G^{2p+2} \|\omega\|_{p+2}^{\frac{(p+2)^2}{p+4}}.
\end{aligned}$$

结合前面已经证明的结果,可得

$$\|\omega\|_{2p+2}^{2p+2} \leqslant C.$$

定理 5.1.6 即证.

定理 5.1.7 在定理 5.1.6 的假设下,下列估计成立:

$$\|\omega_t\|^2 \leqslant C, \quad \|\varphi_t\|^2 \leqslant C.$$

这里 C 是不依赖于时间变量 t 的常数.

证明 用方程(5.1.31)乘以 $\overline{\omega}_t$,积分,并且两边取实部,得

$$\begin{aligned}
\|\omega_t\|^2 = {} & \mathrm{Re}\left[\frac{\mathrm{i}}{d}\left(a - \frac{1}{U}\right)\int \omega \cdot \omega_t \mathrm{d}x\right] + \mathrm{Re}\left[\frac{\mathrm{i}g}{dU}\int \varphi \cdot \overline{\omega}_t \mathrm{d}x\right] \\
& + \mathrm{Re}\left[\frac{\mathrm{i}c}{4md}\int \Delta\omega \cdot \overline{\omega}_t \mathrm{d}x\right] - \mathrm{Re}\left[\frac{\mathrm{i}b}{d}\int |\omega|^p \omega \cdot \omega_t \mathrm{d}x\right] \\
& - \mathrm{Re}\left[\frac{\gamma g}{d}\int \varphi \cdot \overline{\omega}_t \mathrm{d}x\right] + \mathrm{Re}\left[\frac{1}{d}\int f(x,t) \cdot \overline{\omega}_t \mathrm{d}x\right] \\
\leqslant {} & \frac{1}{|d|}\left(a - \frac{1}{U}\right)\int |\omega| |\overline{\omega}_t| \mathrm{d}x + \frac{|g|}{|d|U}\int |\varphi| |\overline{\omega}_t| \mathrm{d}x \\
& + \frac{c}{4m|d|}\int |\Delta\omega| |\overline{\omega}_t| \mathrm{d}x + \frac{b}{|d|}\int |\omega|^{p+1} |\overline{\omega}_t| \mathrm{d}x \\
& + \left|\frac{\gamma g}{d}\right|\int |\varphi| |\overline{\omega}_t| \mathrm{d}x + \frac{1}{|d|}\int |f(x,t)| |\overline{\omega}_t| \mathrm{d}x.
\end{aligned}$$

利用 Young 不等式,上述方程可以转化为

$$\|\omega_t\|^2-3\varepsilon\|\omega_t\|^2\leqslant\frac{c^2}{32m^2|d|^2\varepsilon}\|\Delta\omega\|^2+\frac{\left(a-\frac{1}{U}\right)^2}{2|d|^2\varepsilon}\|\omega\|^2+\frac{g^2}{2|d|^2U^2\varepsilon}\|\varphi\|^2$$
$$+\frac{b^2}{2|d|^2\varepsilon}\|\omega\|_{2p+2}^{2p+2}+\frac{\gamma^2g^2}{2\varepsilon d^2}\|\varphi\|^2+\frac{1}{2|d|^2\varepsilon}\|f(x,t)\|^2.$$

选取 $\varepsilon<\frac{1}{3}$,并利用定理5.1.2～5.1.5所得到的结论,有

$$\|\omega_t\|\leqslant C.$$

其中 C 是不依赖于时间变量 t 的常数.

又将方程(5.1.2)改写为

$$\varphi_t=-\gamma\varphi+\frac{\mathrm{i}g}{U}\omega-\frac{\mathrm{i}g^2}{U}\varphi-\mathrm{i}(2\upsilon-2\mu)\varphi+\frac{\mathrm{i}}{4m}\Delta\varphi+h(x,t).\quad(5.1.32)$$

用 $\overline{\varphi}_t$ 乘以方程(5.1.32),并积分,得

$$\int\varphi_t\cdot\overline{\varphi}_t\mathrm{d}x=-\gamma\int\varphi\cdot\overline{\varphi}_t\mathrm{d}x+\frac{\mathrm{i}g}{U}\int\omega\cdot\overline{\varphi}_t\mathrm{d}x-\frac{\mathrm{i}g^2}{U}\int\varphi\cdot\overline{\varphi}_t\mathrm{d}x$$
$$-\mathrm{i}(2\upsilon-2\mu)\int\varphi\cdot\overline{\varphi}_t\mathrm{d}x$$
$$+\frac{\mathrm{i}}{4m}\int\Delta\varphi\cdot\overline{\varphi}_t\mathrm{d}x+\int h(x,t)\cdot\overline{\varphi}_t\mathrm{d}x.$$

两边取实部,并利用Young不等式,可得

$$\|\varphi_t\|^2\leqslant\left|\gamma+\frac{g^2}{U}+2\upsilon-2\mu\right|\int|\varphi||\overline{\varphi}_t|\mathrm{d}x+\left|\frac{g}{U}\right|\int|\omega|\cdot|\overline{\varphi}_t|\mathrm{d}x$$
$$+\frac{1}{4m}\int|\Delta\varphi||\overline{\varphi}_t|\mathrm{d}x+\int|h(x,t)|\cdot|\overline{\varphi}_t|\mathrm{d}x$$
$$\leqslant\frac{\varepsilon}{2}\|\varphi_t\|^2+\frac{g^2}{2U^2\varepsilon}\|\omega\|^2+\frac{\varepsilon}{2}\|\varphi_t\|^2$$
$$+\frac{1}{2\varepsilon}\left|\gamma+\frac{g^2}{U}+2\upsilon-2\mu\right|^2\|\varphi_t\|^2+\frac{\varepsilon}{2}\|\varphi_t\|^2$$
$$+\frac{1}{32m^2\varepsilon}\|\Delta\varphi\|^2+\frac{\varepsilon}{2}\|\varphi_t\|^2+\frac{1}{2\varepsilon}\|h(x,t)\|^2.$$

整理得

$$(1-2\varepsilon)\|\varphi_t\|^2\leqslant\frac{g^2}{2U^2\varepsilon}\|\omega\|^2+\frac{1}{2\varepsilon}\left|\gamma+2\upsilon-2\mu+\frac{g^2}{U}\right|^2\|\varphi\|^2$$

$$+\frac{1}{32m^2\varepsilon}\|\Delta\varphi\|^2+\frac{1}{2\varepsilon}\|h(x,t)\|^2.$$

选取 $\varepsilon<\frac{1}{2}$,并利用定理 5.1.2～5.1.5 的估计,可得

$$\|\varphi_t\|^2\leqslant C.$$

这里 C 是不依赖于时间变量 t 的常数.

定理 5.1.6 证毕.

5.1.3 整体吸引子的存在性

定理 5.1.1 的证明 根据引理 2.1.1,初边值问题(5.1.1)～(5.1.4)若存在吸引子,则弱解必须满足下列三个条件:

(ⅰ) 存在由弱解生成的半群算子 S_t;

(ⅱ) 在 E 中存在一个最大且有界的吸收集;

(ⅲ) 当 $t>0$ 时,半群算子是全连续的.

现在,只需依次证明这三个条件是满足的即可.

首先,在定理 5.1.1 的假设条件下,初边值问题(5.1.1)～(5.1.4)的整体弱解 (ω,φ) 是唯一的,且存在由初边值问题(5.1.1)～(5.1.4)的弱解 (ω,φ) 生成强连续半群 S_t. 选取 Banach 空间为 $H_0^1(\Omega)\times H_0^1(\Omega)$,则有 $(\omega(t),\varphi(t))=S(t)(\omega(x,t),\varphi(x,t))$. 吸引子存在性定理的第一个条件即证.

其次,根据定理 5.1.2～5.1.4,存在正常数 R_0,使得球 $B_0=\{(\omega,\varphi)\in H_0(\Omega)\times H_0^1(\Omega)\mid \|\omega\|_{H^1}^2+\|\varphi\|_{H^1}^2\leqslant R_0\}$ 是一个由动力系统(5.1.1)～(5.1.4)生成的有界吸收集. 所以,当 $t\geqslant t_0$ 时,对于任何有界集 $B\subset H_0^1(\Omega)\times H_0^1(\Omega)$,有 $S(t_0)B=B_0$ 且 $S(t)B\subset B_0$,在 $H_0^1\times H_0^1$ 中,半径为 $(R_0)^{\frac{1}{2}}$ 的球 B_0 将对 B 的任何有界集一致连续,这里 $R_0=\frac{C_6}{C_5C_7}$,注意到 $B_0\subset B_0:=\bigcup_{t\geqslant0}S(t)B_0$. 当 $t\geqslant0$ 时,在吸收集 $S(t)$ 下,$\tilde{B}_0$ 是不变的,根据连续性嵌入定理可知,$H^2\to H^1$ 是紧的. 吸引子存在性定理的第二个条件即证.

进而,根据定理 5.1.5 可知,当 $t>0$ 时,S_t 是全连续算子.

于是,根据吸引子的存在性定理,可得初边值问题(5.1.1)～(5.1.4)存在紧的整体吸引子. 定理 5.1.1 即证.

5.2 具外力项的修正的 BCS - BEC 跨越中的数学模型

本节主要考虑在外力作用下,且当修正的 BCS - BEC 跨越间的金兹堡-朗道理论的耦合系数在 $b<0$ 时,耦合方程组的吸引子问题.本节所考虑的耦合方程组与参考文献[44]中的方程组相比较而言,这里所考虑的外力项不但跟空间变量 x 有关,而且跟时间变量 t 有关;此外,这里的其中一个耦合系数 $b<0$.即使这个耦合系数 b 与参考文献[44]中的系数相比较而言,只是一个符号的差别,但是由此导致的整个证明方法千差万别,不仅原先的证明方法不能用,而且还需要想办法得到有关非线性项的能量估计.

5.2.1 具外力项的修正的金兹堡-朗道理论的主要结果

这里主要探讨具有如下形式的具有外力作用下的修正的 BCS - BEC 跨越中的金兹堡-朗道理论.

$$
\begin{aligned}
-\mathrm{i}du_t(x,t) = {}& \left(-\frac{dg^2+1}{U}+a\right)u(x,t)+g[a+d(2v-2\mu)]\varphi_B(x,t) \\
&+\frac{c}{4m}\Delta u(x,t)+\frac{g}{4m}(c-d)\Delta\varphi_B(x,t) \\
&-b\,|u(x,t)+g\varphi_B(x,t)|^2+(u(x,t)+g\varphi_B(x,t))-\mathrm{i}df(x,t),
\end{aligned} \tag{5.2.1}
$$

$$
\begin{aligned}
\mathrm{i}\varphi(x,t) = {}& -\mathrm{i}\gamma\varphi_B(x,t)-\frac{g}{U}u(x,t)+(2v-2\mu)\varphi_B(x,t) \\
&-\frac{1}{4m}\Delta\varphi_B(x,t)+\mathrm{i}h(x,t),
\end{aligned} \tag{5.2.2}
$$

$$
u(x,0)=u_0(x),\quad \varphi_B(x,0)=\varphi_{B_0}(x)\quad (x\in\Omega), \tag{5.2.3}
$$

$$
u(x,t)=0,\quad \varphi_B(x,t)=0\quad ((t,x)\in[0,+\infty)\times\partial\Omega). \tag{5.2.4}
$$

其中 Ω 是 $\mathbf{R}^n$ 中的有界区域,$t\geqslant 0$,耦合系数 a,b,c,m 都是常数,μ 是化学势能,

2ν 是 Feshbach 共振的初始能量，$\gamma>0$ 是参数，d 一般都是复数，令 $d=d_r+\mathrm{i}d_i$，则有 $|d|^2=d_r^2+d_i^2$，外力项 $f(x,t)$ 和 $h(x,t)$ 是关于时间变量 t 一致有界的实值函数.

针对初边值问题(5.2.1)～(5.2.4)进行分析，得到如下结论：

定理 5.2.1 假设 $u(x,t)$ 和 $\varphi_B(x,t)$ 是初边值问题(5.2.1)～(5.2.4)的整体弱解，且耦合系数 $\frac{1}{U}-a>0, m>0, c>0, b<0, \gamma>0, d_i>0, 3d_i^2\leqslant d_r^2, f(x,t)\in W_2^{1,1}([0,+\infty);H^1(\Omega)), h(x,t)\in W_2^{1,1}([0,+\infty);H^1(\Omega))$，则初边值问题(5.2.1)～(5.2.4)存在整体吸引子 A，使得

(1) $S_tA=A(\forall t\in\mathbf{R}^+)$；

(2) $\lim\limits_{t\to\infty}(S_tB,A)=0$，对任何有界集 $B\subset H^1(\Omega)$，

$$\operatorname{dist}(S_tB,A)=\sup_{x\in B}\inf_{y\in A}\|S_tx-y\|_E.$$

其中 S_t 是由初边值问题(5.2.1)～(5.2.4)的弱解生成的半群算子且吸引子 A 为

$$A=\bigcap_{\tau\geqslant 0}\overline{\bigcup_{t\geqslant\tau}S_tA}.$$

这部分常用的记号如下：

$$Q=([0,+\infty);H^1(\Omega))$$

$$\|u(x,t)\|_{L^2(\Omega)}^2=\int_\Omega|u(x,t)|^2\mathrm{d}x,$$

$$\|u(x,t)\|_{L^2(Q)}^2=\int_0^t\int_\Omega|u(x,t)|^2\mathrm{d}x\mathrm{d}t,$$

$$\|u(x,t)\|_{H^1(\Omega)}^2=\|u(x,t)\|_{L^2(\Omega)}^2+\|\nabla u(x,t)\|_{L^2(\Omega)}^2.$$

5.2.2 能量不等式

这里主要推导证明吸引子的存在性时所需要用到的先验估计. 为了简便起见，先将方程组(5.2.1)和(5.2.2)改写为

$$\begin{aligned}u_t(x,t)=&\frac{\mathrm{i}\left(-\frac{dg^2+1}{U}+a\right)}{d}u(x,t)+\frac{\mathrm{i}d[a+d(2\nu-2\mu)]}{d}\varphi_B(x,t)\\&+\frac{\mathrm{i}c}{4md}\Delta u(x,t)+\frac{\mathrm{i}g}{4md}(c-d)\\&\cdot\Delta\varphi_B(x,t)-\frac{\mathrm{i}b}{d}|u(x,t)+g\varphi_B(x,t)|^2(u(x,t)\end{aligned}$$

$$+ g\varphi_B(x,t)) + f(x,t), \tag{5.2.5}$$

$$\varphi_{Bt}(x,t) = -\gamma\varphi_B(x,t) + \frac{\mathrm{i}g}{U}u(x,t) - \mathrm{i}(2\nu - 2\mu)\varphi_B(x,t)$$

$$+ \frac{\mathrm{i}}{4m}\Delta\varphi_B(x,t) + h(x,t). \tag{5.2.6}$$

再将方程(5.2.6)乘以 g,并加上方程(5.2.5),得

$$u_t(x,t) + g\varphi_{Bt}(x,t) = \left(\frac{\mathrm{i}a}{d} - \frac{\mathrm{i}}{dU}\right)[u(x,t) + g\varphi_B(x,t)]$$

$$+ \left(\frac{\mathrm{i}g}{dU} - \gamma g\right)\varphi_B(x,t) + \frac{\mathrm{i}c}{4md}\Delta[u(x,t) + g\varphi_B(x,t)]$$

$$- \frac{\mathrm{i}b}{d}|u(x,t) + g\varphi_B(x,t)|^2 \cdot [u(x,t) + g\varphi_B(x,t)]$$

$$+ f(x,t) + gh(x,t). \tag{5.2.7}$$

同时,式(5.2.2)改写为

$$\varphi_{Bt}(x,t) = -\gamma\varphi_B(x,t) + \frac{\mathrm{i}g}{U}[u(x,t) + g\varphi_B(x,t)] - \frac{\mathrm{i}g^2}{U}\varphi_B(x,t)$$

$$- \mathrm{i}(2\nu - 2\mu)\varphi_B(x,t) + \frac{i}{4m}\Delta\varphi_B(x,t) + h(x,t). \tag{5.2.8}$$

现在,我们就可以对初边值问题(5.2.1)～(5.2.4)的弱解建立适当的先验估计.为此,需先证明弱解的存在性.

定理 5.2.2　假设耦合系数满足$\frac{1}{U} - a > 0, m > 0, c > 0, b < 0, \gamma > 0, d_\mathrm{i} > 0, 3d_\mathrm{i}^2 \leqslant d_\mathrm{r}^2, f(x,t) \in W_2^{1,1}(Q), h(x,t) \in W_2^{1,1}(Q), u_0(x) \in H^1(\Omega), \varphi_{B_0}(x) \in H^1(\Omega)$.则初边值问题(5.2.1)～(5.2.4)存在整体弱解且弱解满足:

$$u(x,t) \in L^\infty(Q), \quad \varphi_B(x,t) \in L^\infty(Q);$$

$$u_t(x,t) \in L^\infty(Q), \quad \varphi_{Bt}(x,t) \in L^\infty(Q).$$

该定理的证明通过标准的 Galerkin 逼近法即可证得,故略去.

定理 5.2.3　假设 $u(x,t)$和 $\varphi_B(x,t)$是初边值问题(5.2.1)～(5.2.4)的整体弱解.且耦合系数满足$\frac{1}{U} - a > 0, m > 0, c > 0, b < 0, \gamma > 0, d_\mathrm{i} > 0, 3d_\mathrm{i}^2 \leqslant d_\mathrm{r}^2$, $f(x,t) \in W_2^{1,1}(Q), h(x,t) \in W_2^{1,1}(Q)$,则存在不依赖于时间变量 t 的常数 c_4, c_5,使得下列不等式成立.

$$\|u(x,t)\|_{L^2(\Omega)}^2 \leqslant 2\lambda_2(1+g^2)[\|\nabla(u_0(x)+g\varphi_{B_0}(x))\|_{L^2(\Omega)}^2+\|\nabla\varphi_{B_0}(x)\|_{L^2(\Omega)}^2]\mathrm{e}^{-c_4 t}$$
$$+2c_5\lambda_2(1+g^2)\int_0^t[\|\nabla(f(x,s)+gh(x,s))\|_{L^2(\Omega)}^2$$
$$+\|\nabla h(x,s)\|_{L^2(\Omega)}^2\mathrm{e}^{-c_4(t-s)}\mathrm{d}s,$$

$$\|\varphi_B(x,t)\|_{L^2(\Omega)}^2 \leqslant \lambda_3[\|\nabla(u_0(x)+g\varphi_{B_0}(x))\|_{L^2(\Omega)}^2+\|\nabla\varphi_{B_0}(x)\|_{L^2(\Omega)}^2]\mathrm{e}^{-c_4 t}$$
$$+c_5\lambda_3\int_0^t[\|\nabla(f(x,s)+gh(x,s))\|_{L^2(\Omega)}^2$$
$$+\|\nabla h(x,s)\|_{L^2(\Omega)}^2]\mathrm{e}^{-c_4(t-s)}\mathrm{d}s,$$

$$\|\nabla u(x,t)\|_{L^2(\Omega)}^2 \leqslant 2(1+g^2)[\|\nabla(u_0(x)+g\varphi_{B_0}(x))\|_{L^2(\Omega)}^2+\|\nabla\varphi_{B_0}(x)\|_{L^2(\Omega)}^2]\mathrm{e}^{-c_4 t}$$
$$+2c_5(1+g^2)\int_0^t[\|\nabla(f(x,s)+gh(x,s))\|_{L^2(\Omega)}^2$$
$$+\|\nabla h(x,s)\|_{L^2(\Omega)}^2]\mathrm{e}^{-c_4(t-s)}\mathrm{d}s,$$

$$\|\nabla\varphi_B(x,t)\|_{L^2(\Omega)}^2 \leqslant [\|\nabla(u_0(x)+g\varphi_{B_0}(x))\|_{L^2(\Omega)}^2+\|\nabla\varphi_{B_0}(x)\|_{L^2(\Omega)}^2]\mathrm{e}^{-c_4 t}$$
$$+c_5\int_0^t[\|\nabla(f(x,s)+gh(x,s))\|_{L^2(\Omega)}^2$$
$$+\|\nabla h(x,s)\|_{L^2(\Omega)}^2]\mathrm{e}^{-c_4(t-s)}\mathrm{d}s.$$

其中 λ_2,λ_3 是 Poincaré 系数.

证明　将方程(5.2.7)和$(-\Delta\overline{(u(x,t)+g\varphi_B(x,t))})$做内积,并分部积分,得

$$\int(u(x,t)+g\varphi_B(x,t))_t\cdot(-\Delta\overline{(u(x,t)+g\varphi_B(x,t))})\mathrm{d}x$$
$$=\left(\frac{\mathrm{i}a}{d}-\frac{\mathrm{i}}{dU}\right)\|\nabla(u(x,t)+g\varphi_B(x,t))\|_{L^2(\Omega)}^2$$
$$+\left(\frac{\mathrm{i}g}{dU}-\gamma g\right)\int\nabla\varphi_B(x,t)\cdot\nabla\overline{(u(x,t)+g\varphi_B(x,t))}\mathrm{d}x$$
$$-\frac{\mathrm{i}c}{4md}\|\Delta(u(x,t)+g\varphi_B(x,t))\|_{L^2(\Omega)}^2$$
$$-\frac{\mathrm{i}b}{d}\int|u(x,t)+g\varphi_B(x,t)|^2(u(x,t)+g\varphi_B(x,t))$$
$$\cdot(-\Delta\overline{(u(x,t)+g\varphi_B(x,t))})\mathrm{d}x$$
$$+\int\nabla(f(x,t)+gh(x,t))\cdot\nabla\overline{(u(x,t)+g\varphi_B(x,t))}\mathrm{d}x.$$

两边取实部,对 $d=d_{\mathrm{r}}+\mathrm{i}d_{\mathrm{i}}$,有

$$\frac{\mathrm{d}}{\mathrm{d}t}\|\nabla(u(x,t)+g\varphi_B(x,t))\|_{L^2(\Omega)}^2$$

$$+\frac{2d_{\mathrm{i}}}{|d|^2}\left(\frac{1}{U}-a\right)\|\nabla(u(x,t)+g\varphi_B(x,t))\|_{L^2(\Omega)}^2$$

$$=2\mathrm{Re}\left[\left(\frac{\mathrm{i}g}{dU}-\gamma g\right)\int\nabla\varphi_B(x,t)\cdot\nabla\overline{(u(x,t)+g\varphi_B(x,t))}\mathrm{d}x\right]$$

$$-\frac{cd_{\mathrm{i}}}{2m|d|^2}\|\Delta(u(x,t)+g\varphi_B(x,t))\|_{L^2(\Omega)}^2$$

$$+\mathrm{Re}\left[\frac{-2\mathrm{i}b}{d}|u(x,t)+g\varphi_B(x,t)|^2(u(x,t)+g\varphi_B(x,t))\right.$$

$$\left.\cdot(-\Delta\overline{(u(x,t)+g\varphi_B(x,t))})\mathrm{d}x\right]$$

$$+2\mathrm{Re}\left[\int\nabla(f(x,t)+gh(x,t))\cdot\nabla\overline{(u(x,t)+g\varphi_B(x,t))}\mathrm{d}x\right].$$

由 Young 不等式和 Poincaré 不等式，得

$$\frac{\mathrm{d}}{\mathrm{d}t}\|\nabla(u(x,t)+g\varphi_B(x,t)\|_{L^2(\Omega)}^2$$

$$+\frac{2d_{\mathrm{i}}}{|d|^2}\left(\frac{1}{U}-a\right)\|\nabla(u(x,t)+g\varphi_B(x,t))\|_{L^2(\Omega)}^2$$

$$\leqslant 2\varepsilon_1\|\nabla(u(x,t)+g\varphi_B(x,t))\|_{L^2(\Omega)}^2+2C(\varepsilon_1)\|\nabla\varphi_B(x,t)\|_{L^2(\Omega)}^2$$

$$-\frac{cd_{\mathrm{i}}}{2m|d|^2\lambda_1}\|\nabla(u(x,t)+g\varphi_B(x,t))\|_{L^2(\Omega)}^2$$

$$+\mathrm{Re}\left[\frac{-2\mathrm{i}b}{d}|u(x,t)+g\varphi_B(x,t)|^2+(u(x,t)+g\varphi_B(x,t))\right.$$

$$\left.\cdot(-\Delta\overline{(u(x,t)+g\varphi_B(x,t))})\mathrm{d}x\right]$$

$$+2\varepsilon_2\|\nabla(u(x,t)+g\varphi_B(x,t))\|_{L^2(\Omega)}^2+2C(\varepsilon_2)\|\nabla(f(x,t)+gh(x,t))\|_{L^2(\Omega)}^2.$$

其中 λ_1 是 Poincaré 系数.

整理得

$$\frac{\mathrm{d}}{\mathrm{d}t}\|\nabla(u(x,t)+g\varphi_B(x,t))\|_{L^2(\Omega)}^2$$

$$+\left[\frac{2d_{\mathrm{i}}}{|d|^2}\left(\frac{1}{U}-a\right)-2\varepsilon_1-2\varepsilon_2+\frac{cd_{\mathrm{i}}}{2m|d|^2}\lambda_1\right]$$

$$\cdot\|\nabla(u(x,t)+g\varphi_B(x,t))\|_{L^2(\Omega)}^2-2C(\varepsilon_1)\|\nabla\varphi_B(x,t)\|_{L^2(\Omega)}^2$$

$$
\begin{aligned}
&\leqslant \mathrm{Re}\Big[\frac{-2\mathrm{i}b}{d}|u(x,t)+g\varphi_B(x,t)|^2(u(x,t)+g\varphi_B(x,t))\\
&\quad -(-\Delta\overline{(u(x,t)+g\varphi_B(x,t))})\mathrm{d}x\Big]\\
&\quad +2C(\varepsilon_2)\|\nabla(f(x,t)+gh(x,t))\|_{L^2(\Omega)}^2.
\end{aligned}
\tag{5.2.9}
$$

注意到

$$
\begin{aligned}
&|u(x,t)+g\varphi_B(x,t)|^2|\nabla(u(x,t)+g\varphi_B(x,t))|^2\\
&=(u(x,t)+g\varphi_B(x,t))\cdot\overline{(u(x,t)+g\varphi_B(x,t))}\cdot\nabla(u(x,t)\\
&\quad +g\varphi_B(x,t))\cdot\nabla\overline{(u(x,t)+g\varphi_B(x,t)}\\
&=(u(x,t)+g\varphi_B(x,t))\cdot\nabla\overline{(u(x,t)+g\varphi_B(x,t))}\\
&\quad \cdot\overline{(u(x,t)+g\varphi_B(x,t))}\cdot\nabla(u(x,t)+g\varphi_B(x,t))\\
&=\Big[\nabla|u(x,t)+g\varphi_B(x,t)|^2-\overline{(u(x,t)+g\varphi_B(x,t))}\\
&\quad \cdot\nabla(u(x,t)+g\varphi_B(x,t))\Big]\\
&\quad \cdot\Big[\nabla|u(x,t)+g\varphi_B(x,t)|^2-(u(x,t)+g\varphi_B(x,t))\\
&\quad \cdot\nabla\overline{(u(x,t)+g\varphi_B(x,t))}\Big]\\
&=\Big[\frac{1}{2}\nabla|u(x,t)+g\varphi_B(x,t)|^2+\frac{1}{2}\overline{(u(x,t)+g\varphi_B(x,t))}\\
&\quad \cdot\nabla(u(x,t)+g\varphi_B(x,t))\\
&\quad +\frac{1}{2}(u(x,t)+g\varphi_B(x,t))\cdot\nabla\overline{(u(x,t)+g\varphi_B(x,t))}\\
&\quad -\overline{(u(x,t)+g\varphi_B(x,t))}\cdot\nabla(u(x,t)+g\varphi_B(x,t))\Big]\\
&\quad \cdot\Big[\frac{1}{2}\nabla|u(x,t)+g\varphi_B(x,t)|^2+\frac{1}{2}\overline{(u(x,t)+g\varphi_B(x,t))}\\
&\quad \cdot\nabla(u(x,t)+g\varphi_B(x,t))\\
&\quad +\frac{1}{2}(u(x,t)+g\varphi_B(x,t))\cdot\nabla\overline{(u(x,t)+g\varphi_B(x,t))}\\
&\quad -(u(x,t)+g\varphi_B(x,t))\cdot\nabla\overline{(u(x,t)+g\varphi_B(x,t))}\Big]\\
&=\frac{1}{4}[\nabla|u(x,t)+g\varphi_B(x,t)|^2+(u(x,t)+g\varphi_B(x,t))
\end{aligned}
$$

$$
\begin{aligned}
&\cdot \nabla\overline{(u(x,t)+g\varphi_B(x,t))} \\
&-\overline{(u(x,t)+g\varphi_B(x,t))}\cdot\nabla(u(x,t)+g\varphi_B(x,t))] \\
&\cdot[\nabla|u(x,t)+g\varphi_B(x,t)|^2+\overline{(u(x,t)+g\varphi_B(x,t))} \\
&\cdot\nabla(u(x,t)+g\varphi_B(x,t))-(u(x,t) \\
&+g\varphi_B(x,t))\cdot\nabla\overline{(u(x,t)+g\varphi_B(x,t))}] \\
=\ &\frac{1}{4}(A+\mathrm{i}B)(A-\mathrm{i}B) \\
=\ &\frac{1}{4}(|A|^2+|B|^2).
\end{aligned}
\tag{5.2.10}
$$

其中

$$
\begin{aligned}
A &= \nabla|u(x,t)+g\varphi_B(x,t)|^2, \\
B &= -\mathrm{i}(u(x,t)+g\varphi_B(x,t))\cdot\nabla\overline{(u(x,t)+g\varphi_B(x,t))} \\
&\quad -\overline{(u(x,t)+g\varphi_B(x,t))}\cdot\nabla(u(x,t)+g\varphi_B(x,t)).
\end{aligned}
$$

分部积分,并利用基本不等式(5.2.10),可得

$$
\begin{aligned}
&\mathrm{Re}\Big[\frac{-2\mathrm{i}b}{d}|u(x,t)+g\varphi_B(x,t)|^2(u(x,t)+g\varphi_B(x,t)) \\
&\quad\cdot(-\Delta\overline{(u(x,t)+g\varphi_B(x,t))})\mathrm{d}x\Big] \\
&=\mathrm{Re}\Big[\frac{2\mathrm{i}b}{d}\int|u(x,t)+g\varphi_B(x,t)|^2(u(x,t)+g\varphi_B(x,t)) \\
&\quad\cdot\Delta\overline{(u(x,t)+g\varphi_B(x,t))}\mathrm{d}x\Big] \\
&=-\mathrm{Re}\Big\{\frac{2\mathrm{i}b(d_\mathrm{r}-\mathrm{i}d_\mathrm{i})}{|d|^2}\int[|u(x,t)+g\varphi_B(x,t)|^2\,\nabla(u(x,t)+g\varphi_B(x,t)) \\
&\quad\cdot\nabla\overline{(u(x,t)+g\varphi_B(x,t))} \\
&\quad+\nabla|u(x,t)+g\varphi_B(x,t)|^2\,\nabla\overline{(u(x,t)+g\varphi_B(x,t))} \\
&\quad\cdot(u(x,t)+g\varphi_B(x,t))]\mathrm{d}x\Big\} \\
&=-\mathrm{Re}\Big\{\frac{2\mathrm{i}b(d_\mathrm{r}-\mathrm{i}d_\mathrm{i})}{|d|^2}\int\{|u(x,t)+g\varphi_B(x,t)|^2|\nabla(u(x,t)+g\varphi_B(x,t))|^2 \\
&\quad+\nabla|u(x,t)+g\varphi_B(x,t)|^2[\nabla|u(x,t)+g\varphi_B(x,t)|^2-\overline{(u(x,t)+g\varphi_B(x,t))} \\
&\quad\cdot\nabla(u(x,t)+g\varphi_B(x,t))]\}\mathrm{d}x\Big\}
\end{aligned}
$$

$$
\begin{aligned}
&= -\operatorname{Re}\left\{\frac{2\mathrm{i}b(d_{\mathrm{r}}-\mathrm{i}d_{\mathrm{i}})}{|d|^2}\int\{|u(x,t)+g\varphi_B(x,t)|^2|\nabla(u(x,t)+g\varphi_B(x,t))|^2\right.\\
&\quad+\nabla|u(x,t)+g\varphi_B(x,t)|^2\left[\frac{1}{2}\nabla|u(x,t)+g\varphi_B(x,t)|^2\right.\\
&\quad+\frac{1}{2}\overline{(u(x,t)+g\varphi_B(x,t))}\\
&\quad\cdot\nabla(u(x,t)+g\varphi_B(x,t))+\frac{1}{2}(u(x,t)+g\varphi_B(x,t))\cdot\nabla\overline{(u(x,t)+g\varphi_B(x,t))}\\
&\quad\left.\left.-\overline{(u(x,t)+g\varphi_B(x,t))}\cdot\nabla(u(x,t)+g\varphi_B(x,t))\right]\right\}\mathrm{d}x\Big\}\\
&= -\operatorname{Re}\left\{\frac{2\mathrm{i}b(d_{\mathrm{r}}-\mathrm{i}d_{\mathrm{i}})}{|d|^2}\int\{|u(x,t)+g\varphi_B(x,t)|^2|\nabla(u(x,t)+g\varphi_B(x,t))|^2\right.\\
&\quad+\frac{1}{2}|\nabla|u(x,t)+g\varphi_B(x,t)|^2|^2+\frac{1}{2}[(u(x,t)\\
&\quad+g\varphi_B(x,t))\cdot\nabla\overline{(u(x,t)+g\varphi_B(x,t))}\\
&\quad-\overline{(u(x,t)+g\varphi_B(x,t))}\cdot\nabla(u(x,t)+g\varphi_B(x,t))]\\
&\quad\left.\cdot\nabla|u(x,t)+g\varphi_B(x,t)|^2\}\mathrm{d}x\right\}\\
&= \frac{-2bd_{\mathrm{i}}}{|d|^2}\int|u(x,t)+g\varphi_B(x,t)|^2|\nabla(u(x,t)+g\varphi_B(x,t))|^2\mathrm{d}x\\
&\quad-\frac{bd_{\mathrm{i}}}{|d|^2}\int|\nabla|u(x,t)+g\varphi_B(x,t)|^2|^2\mathrm{d}x\\
&\quad+\frac{bd_{\mathrm{r}}}{|d|^2}\operatorname{Im}\left\{\int[(u(x,t)+g\varphi_B(x,t))\cdot\nabla\overline{(u(x,t)+g\varphi_B(x,t))}\right.\\
&\quad-\overline{(u(x,t)+g\varphi_B(x,t))}\cdot\nabla(u(x,t)+g\varphi_B(x,t))]\\
&\quad\left.\cdot\nabla|u(x,t)+g\varphi_B(x,t)|^2\mathrm{d}x\right\}\\
&= \frac{-2bd_{\mathrm{i}}}{|d|^2}\int\frac{1}{4}(|A|^2+|B|^2)\mathrm{d}x-\frac{bd_{\mathrm{i}}}{d|^2}\int|A|^2\mathrm{d}x+\frac{bd_{\mathrm{r}}}{|d|^2}\operatorname{Im}\left[\int\mathrm{i}B\cdot A\mathrm{d}x\right]\\
&= \frac{-2bd_{\mathrm{i}}}{|d|^2}\int\frac{1}{4}(|A|^2+|B|^2)\mathrm{d}x-\frac{bd_{\mathrm{i}}}{|d|^2}\int|A|^2\mathrm{d}x+\frac{bd_r}{|d|^2}\int AB\mathrm{d}x\\
&= \int\left(\frac{-3bd_{\mathrm{i}}}{2|d|^2}|A|^2+\frac{bd_{\mathrm{r}}}{|d|^2}AB-\frac{bd_{\mathrm{i}}}{2|d|^2}|B|^2\right)\mathrm{d}x\\
&= -\frac{b}{2|d|^2}\int(3d_{\mathrm{i}}|A|^2-2d_{\mathrm{r}}AB+d_{\mathrm{i}}|B|^2)\mathrm{d}x.
\end{aligned}
$$

根据二次型函数的性质,要使上式为非正数,且注意到 $b<0$,则只需被积函数为非正函数,即只要二次型函数的系数矩阵 $\boldsymbol{A}=\begin{bmatrix}3d_{\mathrm{i}} & -d_{\mathrm{r}}\\ -d_{\mathrm{r}} & d_{\mathrm{i}}\end{bmatrix}$ 为非正定矩阵即可,根据

$$|\boldsymbol{A}|=3d_{\mathrm{i}}^2-d_{\mathrm{r}}^2\leqslant 0,$$

解得 $3d_{\mathrm{i}}^2\leqslant d_{\mathrm{r}}^2$,因此,有

$$\begin{aligned}\operatorname{Re}\Big[\frac{-2\mathrm{i}b}{d}\int &|u(x,t)+g\varphi_B(x,t)|^2(u(x,t)+g\varphi_B(x,t))\\ &\cdot(-\Delta\overline{(u(x,t)+g\varphi_B(x,t))})\mathrm{d}x\Big]\leqslant 0.\end{aligned}$$

代入不等式(5.2.9),有

$$\begin{aligned}&\frac{\mathrm{d}}{\mathrm{d}t}\|\nabla(u(x,t)+g\varphi_B(x,t))\|_{L^2(\Omega)}^2+\Big[\frac{2d_{\mathrm{i}}}{|d|^2}\Big(\frac{1}{U}-a\Big)-2\varepsilon_1-2\varepsilon_2+\frac{cd_{\mathrm{i}}}{2m|d|^2\lambda_1}\Big]\\ &\quad\cdot\|\nabla(u(x,t)+g\varphi_B(x,t))\|_{L^2(\Omega)}^2-2C(\varepsilon_1)\|\nabla\varphi_B(x,t)\|_{L^2(\Omega)}^2\\ &\leqslant 2C(\varepsilon_2)\|\nabla(f(x,t)+gh(x,t))\|_{L^2(\Omega)}^2.\end{aligned}$$

选取 $\varepsilon_1,\varepsilon_2$ 充分小,使得 $\varepsilon_1+\varepsilon_2=\frac{d_{\mathrm{i}}}{2|d|^2}\Big(\frac{1}{U}-a\Big)$,于是

$$\begin{aligned}&\frac{\mathrm{d}}{\mathrm{d}t}\|\nabla(u(x,t)+g\varphi_B(x,t))\|_{L^2(\Omega)}^2+\Big[\frac{d_{\mathrm{i}}}{|d|^2}\Big(\frac{1}{U}-a\Big)+\frac{cd_{\mathrm{i}}}{2m|d|^2\lambda_1}\Big]\\ &\quad\cdot\|\nabla(u(x,t)+g\varphi_B(x,t))\|_{L^2(\Omega)}^2-2C(\varepsilon_1)\|\nabla\varphi_B(x,t)\|_{L^2(\Omega)}^2\\ &\leqslant 2C(\varepsilon_2)\|\nabla(f(x,t)+gh(x,t))\|_{L^2(\Omega)}^2.\end{aligned}\tag{5.2.11}$$

再用 $-\Delta\overline{\varphi}(x,t)$ 和式(5.2.8)做内积,分部积分,可得

$$\begin{aligned}&\int\varphi_{Bt}(x,t)\cdot(-\Delta\overline{\varphi}_B(x,t))\mathrm{d}x+\gamma\|\nabla\varphi_B(x,t)\|_{L^2(\Omega)}^2\\ &=-\Big[\frac{\mathrm{i}g^2}{U}+\mathrm{i}(2\nu-2\mu)\Big]\|\nabla\varphi_B(x,t)\|_{L^2(\Omega)}^2\\ &\quad+\frac{\mathrm{i}g}{U}\int\nabla(u(x,t)+g\varphi_B(x,t))\cdot\nabla\overline{\varphi}_B(x,t)\mathrm{d}x\\ &\quad-\frac{\mathrm{i}}{4m}\|\Delta\varphi_B(x,t)\|_{L^2(\Omega)}^2+\int\nabla h(x,t)\cdot\nabla\overline{\varphi}_B(x,t)\mathrm{d}x.\end{aligned}$$

两边取实部,得

$$\frac{\mathrm{d}}{\mathrm{d}t}\|\nabla\varphi_B(x,t)\|_{L^2(\Omega)}^2+2\gamma\|\nabla\varphi_B(x,t)\|_{L^2(\Omega)}^2$$
$$=2\mathrm{Re}\left[\frac{\mathrm{i}g}{U}\int\nabla(u(x,t)+g\varphi_B(x,t))\cdot\nabla\overline{\varphi}_B(x,t)\mathrm{d}x\right]$$
$$+2\mathrm{Re}\left(\int\nabla h(x,t)\cdot\nabla\overline{\varphi}_B(x,t)\mathrm{d}x\right).$$

由 Young 不等式,得

$$\frac{\mathrm{d}}{\mathrm{d}t}\|\nabla\varphi_B(x,t)\|_{L^2(\Omega)}^2+2\gamma\|\nabla\varphi_B(x,t)\|_{L^2(\Omega)}^2$$
$$\leqslant 2\varepsilon_3\|\nabla\varphi_B(x,t)\|_{L^2(\Omega)}^2+2C(\varepsilon_3)\|\nabla(u(x,t)+g\varphi_B(x,t))\|_{L^2(\Omega)}^2$$
$$+2\varepsilon_4\|\nabla\varphi_B(x,t)\|_{L^2(\Omega)}^2+2C(\varepsilon_4)\|\nabla h(x,t)\|_{L^2(\Omega)}^2.$$

整理得

$$\frac{\mathrm{d}}{\mathrm{d}t}\|\nabla\varphi_B(x,t)\|_{L^2(\Omega)}^2+(2\gamma-2\varepsilon_3-2\varepsilon_4)\|\nabla\varphi_B(x,t)\|_{L^2(\Omega)}^2$$
$$-2C(\varepsilon_3)\|\nabla(u(x,t)+g\varphi_B(x,t))\|_{L^2(\Omega)}^2$$
$$\leqslant 2C(\varepsilon_4)\|\nabla h(x,t)\|_{L^2(\Omega)}^2.$$

选取 $\varepsilon_3,\varepsilon_4$ 充分小,使得 $\varepsilon_3+\varepsilon_4=\dfrac{\gamma}{2}$,则

$$\frac{\mathrm{d}}{\mathrm{d}t}\|\nabla\varphi_B(x,t)\|_{L^2(\Omega)}^2+\gamma\|\nabla\varphi_B(x,t)\|_{L^2(\Omega)}^2$$
$$-2C(\varepsilon_3)\|\nabla(u(x,t)+g\varphi_B(x,t))\|_{L^2(\Omega)}^2$$
$$\leqslant 2C(\varepsilon_4)\|\nabla h(x,t)\|_{L^2(\Omega)}^2. \tag{5.2.12}$$

再将式(5.2.11)乘以 k_1,式(5.2.12)乘以 k_2(k_1,k_2 是任意正常数),两式相加得

$$\frac{\mathrm{d}}{\mathrm{d}t}\left[k_1\|\nabla(u((x,t)+g\varphi_B(x,t))\|_{L^2(\Omega)}^2+k_2\|\nabla\varphi_B(x,t)\|_{L^2(\Omega)}^2\right]$$
$$+\left[\frac{d_{\mathrm{i}}k_1}{|d|^2}\left(\frac{1}{U}-a\right)+\frac{cd_{\mathrm{i}}k_1}{2m|d|^2\lambda_1}2C(\varepsilon_3)k_2\right]\|\nabla(u(x,t)+g\varphi_B(x,t)\|_{L^2(\Omega)}^2$$
$$+(\gamma k_2-2C(\varepsilon_1)k_1\|\nabla\varphi_B(x,t)\|_{L^2(\Omega)}^2$$
$$\leqslant 2C(\varepsilon_2)k_1\|\nabla(f(x,t)+gh(x,t))\|_{L^2(\Omega)}^2+2C(\varepsilon_4)k_2\|\nabla h(x,t)\|_{L^2(\Omega)}^2. \tag{5.2.13}$$

选取适当的 k_1,k_2,使得

$$2C(\varepsilon_1)k_1=\frac{\gamma k_2}{2},\quad 2C(\varepsilon_3)k_2=\frac{k_1}{2}\left[\frac{d_i}{|d|^2}\left(\frac{1}{U}-a\right)+\frac{cd_{\mathrm{i}}}{2m|d|^2\lambda_1}\right],$$

解得

$$k_2 = k_1\sqrt{\frac{C(\varepsilon_1)}{\gamma C(\varepsilon_3)}\left[\frac{d_\mathrm{i}}{|d|^2}\left(\frac{1}{U}-a\right)+\frac{cd_\mathrm{i}}{2m|d|^2\lambda_1}\right]},$$

选取 $k_1=1$,则有

$$k_2 = \sqrt{\frac{C(\varepsilon_1)}{\gamma C(\varepsilon_3)}\left[\frac{d_\mathrm{i}}{|d|^2}\left(\frac{1}{U}-a\right)+\frac{cd_\mathrm{i}}{2m|d|^2\lambda_1}\right]}.$$

代入估计式(5.2.13),有

$$\begin{aligned}
&\frac{\mathrm{d}}{\mathrm{d}t}\Bigg\{\|\nabla(u(x,t)+g\varphi_B(x,t))\|_{L^2(\Omega)}^2\\
&\quad+\sqrt{\frac{C(\varepsilon_1)}{\gamma C(\varepsilon_3)}\left[\frac{d_\mathrm{i}}{|d|^2}\left(\frac{1}{U}-a\right)+\frac{cd_\mathrm{i}}{2m|d|^2\lambda_1}\right]}\|\nabla\varphi_B(x,t)\|_{L^2(\Omega)}^2\Bigg\}\\
&\quad+\frac{1}{2}\left[\frac{d_\mathrm{i}}{|d|^2}\left(\frac{1}{U}-a\right)+\frac{cd_\mathrm{i}}{2m|d|^2\lambda_1}\right]\|\nabla(u(x,t)+g\varphi_B(x,t)\|_{L^2(\Omega)}^2\\
&\quad+\frac{\gamma}{2}\sqrt{\frac{C(\varepsilon_1)}{\gamma C(\varepsilon_3)}\left[\frac{d_\mathrm{i}}{|d|^2}\left(\frac{1}{U}-a\right)+\frac{cd_\mathrm{i}}{2m|d|^2\lambda_1}\right]}\|\nabla\varphi_B(x,t)\|_{L^2(\Omega)}^2\\
&\leqslant 2C(\varepsilon_2)\|\nabla(f(x,t)+gh(x,t)\|_{L^2(\Omega)}^2\\
&\quad+2C(\varepsilon_4)\sqrt{\frac{C(\varepsilon_1)}{\gamma C(\varepsilon_3)}\left[\frac{d_\mathrm{i}}{|d|^2}\left(\frac{1}{U}-a\right)+\frac{cd_\mathrm{i}}{2m|d|^2\lambda_1}\right]}\|\nabla h(x,t)\|_{L^2(\Omega)}^2
\end{aligned}$$

选取

$$c_1 = \min\left\{1,\sqrt{\frac{C(\varepsilon_1)}{\gamma C(\varepsilon_3)}\left[\frac{d_\mathrm{i}}{|d|^2}\left(\frac{1}{U}-a\right)+\frac{cd_\mathrm{i}}{2m|d|^2\lambda_1}\right]}\right\}>0,$$

$$\begin{aligned}
c_2 = \min\Bigg\{&\frac{1}{2}\left[\frac{d_\mathrm{i}}{|d|^2}\left(\frac{1}{U}-a\right)+\frac{cd_\mathrm{i}}{2m|d|^2\lambda_1}\right],\\
&\frac{\gamma}{2}\sqrt{\frac{C(\varepsilon_1)}{\gamma C(\varepsilon_3)}\left[\frac{d_\mathrm{i}}{|d|^2}\left(\frac{1}{U}-a\right)+\frac{cd_\mathrm{i}}{2m|d|^2\lambda_1}\right]}\Bigg\}>0,
\end{aligned}$$

$$c_3 = \max\left\{2C(\varepsilon_2),2C(\varepsilon_4)\sqrt{\frac{C(\varepsilon_1)}{\gamma C(\varepsilon_3)}\left[\frac{d_\mathrm{i}}{|d|^2}\left(\frac{1}{U}-a\right)+\frac{cd_\mathrm{i}}{2m|d|^2\lambda_1}\right]}\right\}>0.$$

则有

$$\begin{aligned}
&\frac{\mathrm{d}}{\mathrm{d}t}\left[\|\nabla(u((x,t)+g\varphi_B(x,t))\|_{L^2(\Omega)}^2+\|\nabla\varphi_B(x,t)\|_{L^2(\Omega)}^2\right]\\
&\quad+\frac{c_2}{c_1}\left[\|\nabla(u((x,t)+g\varphi_B(x,t))\|_{L^2(\Omega)}^2+\|\nabla\varphi_B(x,t)\|_{L^2(\Omega)}^2\right]
\end{aligned}$$

$$\leqslant \frac{c_3}{c_1}[\|\nabla(f((x,t)+gh(x,t))\|_{L^2(\Omega)}^2+\|\nabla h(x,t)\|_{L^2(\Omega)}^2].$$

令

$$\frac{c_2}{c_1}=c_4>0,\quad \frac{c_3}{c_1}=c_5>0,$$

则有

$$\begin{aligned}&\frac{\mathrm{d}}{\mathrm{d}t}[\|\nabla(u((x,t)+g\varphi_B(x,t))\|_{L^2(\Omega)}^2+\|\nabla\varphi_B(x,t)\|_{L^2(\Omega)}^2]\\&\quad+c_4[\|\nabla(u((x,t)+g\varphi_B(x,t))\|_{L^2(\Omega)}^2+\|\nabla\varphi_B(x,t)\|_{L^2(\Omega)}^2]\\&\leqslant c_5[\|\nabla(f((x,t)+gh(x,t))\|_{L^2(\Omega)}^2+\|\nabla h(x,t)\|_{L^2(\Omega)}^2].\end{aligned}$$

由 Gronwall 不等式得

$$\begin{aligned}&\|\nabla(u((x,t)+g\varphi_B(x,t))\|_{L^2(\Omega)}^2+\|\nabla\varphi_B(x,t)\|_{L^2(\Omega)}^2\\&\quad\leqslant[\|\nabla(u_0((x)+g\varphi_{B_0}(x))\|_{L^2(\Omega)}^2+\|\nabla\varphi_{B_0}(x)\|_{L^2(\Omega)}^2]\mathrm{e}^{-c_4t}\\&\quad\quad+c_5\int_0^t[\|\nabla(f((x,s)+gh(x,s))\|_{L^2(\Omega)}^2+\|\nabla h(x,s)\|_{L^2(\Omega)}^2]\mathrm{e}^{-c_4(t-s)}\mathrm{d}s.\end{aligned}$$

即有

$$\begin{aligned}&\|\nabla(u(x,t)+g\varphi_B(x,t))\|_{L^2(\Omega)}^2\\&\quad\leqslant[\|\nabla(u_0((x)+g\varphi_{B_0}(x))\|_{L^2(\Omega)}^2+\|\nabla\varphi_B(x))\|_{L^2(\Omega)}^2]\mathrm{e}^{-c_4t}\\&\quad\quad+c_5\int_0^t[\|\nabla(f((x,s)+gh(x,s))\|_{L^2(\Omega)}^2+\|\nabla h(x,s)\|_{L^2(\Omega)}^2]\mathrm{e}^{-c_4(t-s)}\mathrm{d}s,\end{aligned}$$

$$\begin{aligned}&\|\nabla\varphi_B(x,t))\|_{L^2(\Omega)}^2\\&\quad\leqslant[\|\nabla(u_0(x)+g\varphi_{B_0}(x))\|_{L^2(\Omega)}^2+\|\nabla\varphi_{B_0}(x)\|_{L^2(\Omega)}^2]\mathrm{e}^{-c_4t}\\&\quad\quad+c_5\int_0^t[\|\nabla(f(x,s)+gh(x,s))\|_{L^2(\Omega)}^2+\|\nabla h(x,s)\|_{L^2(\Omega)}^2]\mathrm{e}^{-c_4(t-s)}\mathrm{d}s.\end{aligned}$$

因此可得

$$\begin{aligned}\|\nabla u(x,t)\|_{L^2(\Omega)}^2&=\|\nabla(u(x,t)+g\varphi_B(x,t))-g\nabla\varphi_B(x,t)\|_{L^2(\Omega)}^2\\&\leqslant 2\|\nabla(u(x,t)+g\varphi_B(x,t))\|_{L^2(\Omega)}^2+2g^2\|\nabla\varphi_B(x,t)\|_{L^2(\Omega)}^2\\&\leqslant 2(1+g^2)[\|\nabla(u_0(x)+g\varphi_{B_0}(x))\|_{L^2(\Omega)}^2+\|\nabla\varphi_{B_0}(x)\|_{L^2(\Omega)}^2]\mathrm{e}^{-c_4t}\\&\quad+2c_5(1+g^2)\int_0^t\Big[\|\nabla(f(x,s)+gh(x,s))\|_{L^2(\Omega)}^2\\&\quad+\|\nabla h(x,s))\|_{L^2(\Omega)}^2\Big]\mathrm{e}^{-c_4(t-s)}\mathrm{d}s,\end{aligned}$$

$$\|\nabla\varphi_B(x,t)\|_{L^2(\Omega)}^2 \leqslant [\|\nabla(u_0(x)+g\varphi_{B_0}(x))\|_{L^2(\Omega)}^2 + \|\nabla\varphi_{B_0}(x)\|_{L^2(\Omega)}^2]\mathrm{e}^{-c_4 t} + c_5\int_0^t \Big[\|\nabla(f(x,s)+gh(x,s))\|_{L^2(\Omega)}^2 + \|\nabla h(x,s)\|_{L^2(\Omega)}^2\Big]\mathrm{e}^{-c_4(t-s)}\mathrm{d}s.$$

由 Poincaré 不等式又可推出

$$\begin{aligned}\frac{1}{\lambda_2}\|u(x,t)\|_{L^2(\Omega)}^2 &\leqslant \|\nabla u(x,t)\|_{L^2(\Omega)}^2\\ &\leqslant 2(1+g^2)[\|\nabla(u_0(x)+g\varphi_{B_0}(x))\|_{L^2(\Omega)}^2 + \|\nabla\varphi_{B_0}(x)\|_{L^2(\Omega)}^2]\mathrm{e}^{-c_4 t}\\ &\quad + 2c_5(1+g^2)\int_0^t \Big[\|\nabla(f(x,s)+gh(x,s))\|_{L^2(\Omega)}^2\\ &\quad + \|\nabla h(x,s)\|_{L^2(\Omega)}^2\Big]\mathrm{e}^{-c_4(t-s)}\mathrm{d}s,\end{aligned}$$

$$\begin{aligned}\frac{1}{\lambda_3}\|\varphi_B(x,t)\|_{L^2(\Omega)}^2 &\leqslant \|\nabla\varphi_B(x,t)\|_{L^2(\Omega)}^2\\ &\leqslant [\|\nabla(u_0(x)+g\varphi_{B_0}(x))\|_{L^2(\Omega)}^2 + \|\nabla\varphi_{B_0}(x)\|_{L^2(\Omega)}^2]\mathrm{e}^{-c_4 t}\\ &\quad + c_5\int_0^t [\|\nabla(f(x,s)+gh(x,s))\|_{L^2(\Omega)}^2 + \|\nabla h(x,s)\|_{L^2(\Omega)}^2]\mathrm{e}^{-c_4(t-s)}\mathrm{d}s.\end{aligned}$$

于是,有

$$\begin{aligned}\|u(x,t)\|_{L^2(\Omega)}^2 &\leqslant 2\lambda_2(1+g^2)[\|\nabla(u_0(x)+g\varphi_{B_0}(x))\|_{L^2(\Omega)}^2 + \|\nabla\varphi_{B_0}(x)\|_{L^2(\Omega)}^2]\mathrm{e}^{-c_4 t}\\ &\quad + 2c_5\lambda_2(1+g^2)\int_0^t \Big[\|\nabla(f(x,s)+gh(x,s))\|_{L^2(\Omega)}^2\\ &\quad + \|\nabla h(x,s)\|_{L^2(\Omega)}^2\Big]\mathrm{e}^{-c_4(t-s)}\mathrm{d}s,\end{aligned}$$

$$\begin{aligned}\|\varphi_B(x,t)\|_{L^2(\Omega)}^2 &\leqslant \lambda_3[\|\nabla(u_0(x)+g\varphi_{B_0}(x))\|_{L^2(\Omega)}^2 + \|\nabla\varphi_{B_0}(x)\|_{L^2(\Omega)}^2]\mathrm{e}^{-c_4 t}\\ &\quad + c_5\lambda_3\int_0^t \Big[\|\nabla(f(x,s)+gh(x,s))\|_{L^2(\Omega)}^2\\ &\quad + \|\nabla h(x,s)\|_{L^2(\Omega)}^2\Big]\mathrm{e}^{-c_4(t-s)}\mathrm{d}s,\end{aligned}$$

定理 5.2.4　假设 $u(x,t)$ 和 $\varphi_B(x,t)$ 是初边值问题(5.2.1)～(5.2.4)的整体弱解. 且耦合系数满足 $\frac{1}{U}-a>0$, $m>0$, $c>0$, $b<0$, $\gamma>0$, $d_{\mathrm{i}}>0$, $3d_{\mathrm{i}}^2\leqslant d_{\mathrm{r}}^2$, $f(x,t)\in W_2^{1,1}(Q)$, $h(x,t)\in W_2^{1,1}(Q)$, 则存在不依赖于时间变量 t 的常数 c_{12}, c_{13}, 使得下列不等式成立:

$$\|u_t(x,t)\|_{L^2(\Omega)}^2 \leqslant 2(1+g^2)[\|u_0(x)+g\varphi_{B_0}(x))\|_{L^2(\Omega)}^2 + \|\varphi_{B_0 t}(x)\|_{L^2(\Omega)}^2]\mathrm{e}^{-c_{12}t}$$
$$+ 2c_{13}(1+g^2)\int_0^t \Big[\|(f(x,s)+gh(x,s))_t\|_{L^2(\Omega)}^2$$
$$+ \|h_t(x,s)\|_{L^2(\Omega)}^2\Big]\mathrm{e}^{-c_{12}(t-s)}\mathrm{d}s,$$

$$\|\varphi_{Bt}(x)\|_{L^2(\Omega)}^2 \leqslant [\|u_0(x)+g\varphi_{B_0}(x))_t\|_{L^2(\Omega)}^2 + \|\varphi_{B_0 t}(x)\|_{L^2(\Omega)}^2]\mathrm{e}^{-c_{12}t}$$
$$+ c_{13}\int_0^t \Big[\|(f(x,s)+gh(x,s))_t\|_{L^2(\Omega)}^2$$
$$+ \|h_t(x,s)\|_{L^2(\Omega)}^2\Big]\mathrm{e}^{-c_{12}(t-s)}\mathrm{d}s.$$

证明 先对方程(5.2.7)的两边关于时间变量 t 求导,得

$$(u(x,t)+g\varphi_B(x,t))_{tt}$$
$$= \left(\frac{\mathrm{i}a}{d}-\frac{\mathrm{i}}{dU}\right)(u(x,t)+g\varphi_B(x,t))_t + \left(\frac{\mathrm{i}g}{dU}-\gamma g\right)\varphi_{Bt}(x,t)$$
$$+ \frac{\mathrm{i}c}{4md}\Delta(u(x,t)+g\varphi_B(x,t))_t - \frac{\mathrm{i}b}{d}(|u(x,t)+g\varphi_B(x,t)|^2$$
$$\cdot (u(x,t)+g\varphi_B(x,t)))_t + (f(x,t)+gh(x,t))_t.$$
$$= \left(\frac{\mathrm{i}a}{d}-\frac{\mathrm{i}}{dU}\right)(u(x,t)+g\varphi_B(x,t))_t + \left(\frac{\mathrm{i}g}{dU}-\gamma g\right)\varphi_{Bt}(x,t)$$
$$+ \frac{\mathrm{i}c}{4md}\Delta(u(x,t)+g\varphi_B(x,t))_t - \frac{\mathrm{i}b}{d}(2|u(x,t)+g\varphi_B(x,t)|^2$$
$$\cdot (u(x,t)+g\varphi_B(x,t))_t + (u(x,t)+g\varphi_B(x,t))^2\,\overline{(u(x,t)+g\varphi_B(x,t))_t})$$
$$+ (f(x,t)+gh(x,t))_t.$$

对所得的方程两边同乘以$\overline{(u(x,t)+g\varphi_B(x,t)_t}$,分部积分得

$$\int (u(x,t)+g\varphi_B(x,t)_{tt}\cdot\overline{(u(x,t)+g\varphi_B(x,t))_t}\mathrm{d}x$$
$$= \left(\frac{\mathrm{i}a}{d}-\frac{\mathrm{i}}{dU}\right)\|(u(x,t)+g\varphi_B(x,t))_t\|_{L^2(\Omega)}^2$$
$$+ \left(\frac{\mathrm{i}g}{dU}-\gamma g\right)\int \varphi_{Bt}(x,t)\cdot\overline{(u(x,t)+g\varphi_B(x,t))_t}\mathrm{d}x$$
$$- \frac{\mathrm{i}c}{4md}\|\nabla(u(x,t)+g\varphi_B(x,t))_t\|_{L^2(\Omega)}^2$$
$$- \frac{\mathrm{i}b}{d}\int 2|u(x,t)+g\varphi_B(x,t)|^2|(u(x,t)+g\varphi_B(x,t))_t|^2\mathrm{d}x$$

$$
\begin{aligned}
&-\frac{\mathrm{i}b}{d}\int[u(x,t)+g\varphi_B(x,t)]^2\cdot[\overline{(u(x,t)+g\varphi_B(x,t))_t}]^2\mathrm{d}x\\
&+\int(f(x,t)+gh(x,t))_t\cdot\overline{(u(x,t)+g\varphi_B(x,t))_t}\mathrm{d}x.
\end{aligned}
$$

两边取实部，并注意到$\frac{-cd_{\mathrm{i}}}{2m|d|^2}\leqslant 0$，得

$$
\begin{aligned}
&\frac{\mathrm{d}}{\mathrm{d}t}\|(u(x,t)+g\varphi_B(x,t))_t\|_{L^2(\Omega)}^2\\
&\leqslant\left(\frac{2ad_{\mathrm{i}}}{|d|^2}-\frac{2d_{\mathrm{i}}}{|d|^2U}\right)\|(u(x,t)+g\varphi_B(x,t))_t\|_{L^2(\Omega)}^2\\
&\quad+2\mathrm{Re}\left[\left(\frac{\mathrm{i}g}{dU}-\gamma g\right)\int\varphi_{Bt}(x,t)\cdot\overline{(u(x,t)+g\varphi_B(x,t))_t}\mathrm{d}x\right]\\
&\quad-\mathrm{Re}\left\{\frac{4\mathrm{i}b}{d}\int|u(x,t)+g\varphi_B(x,t)|^2|(u(x,t)+g\varphi_B(x,t))_t|^2\mathrm{d}x\right\}\\
&\quad-\mathrm{Re}\left\{\frac{2\mathrm{i}b}{d}\int[u(x,t)+g\varphi_B(x,t)]^2\cdot[\overline{(u(x,t)+g\varphi_B(x,t))_t}]^2\mathrm{d}x\right\}\\
&\quad+2\mathrm{Re}\left[\int(f(x,t)+gh(x,t))_t\cdot\overline{(u(x,t)+g\varphi_B(x,t))_t}\mathrm{d}x\right].
\end{aligned}
$$

利用 Young 不等式，得

$$
\begin{aligned}
&\frac{\mathrm{d}}{\mathrm{d}t}\|(u(x,t)+g\varphi_B(x,t))_t\|_{L^2(\Omega)}^2\\
&\leqslant\left(\frac{2ad_{\mathrm{i}}}{|d|^2}-\frac{2d_{\mathrm{i}}}{|d|^2U}\right)\|(u(x,t)+g\varphi_B(x,t))_t\|_{L^2(\Omega)}^2\\
&\quad+2\varepsilon_5\|(u(x,t)+g\varphi_B(x,t))_t\|_{L^2(\Omega)}^2\\
&\quad+2C(\varepsilon_5)\|\varphi_{Bt}(x,t))\|_{L^2(\Omega)}^2\\
&\quad-\frac{2b(2d_i+|d|)}{|d|^2}\int|u(x,t)+g\varphi_B(x,t)|^2|(u(x,t)+g\varphi_B(x,t))_t|^2\mathrm{d}x\\
&\quad+2\varepsilon_6\|(u(x,t)+g\varphi_B(x,t))_t\|_{L^2(\Omega)}^2+2C(\varepsilon_6)\|(f(x,t)+gh(x,t))_t\|_{L^2(\Omega)}^2.
\end{aligned}\tag{5.2.14}
$$

由于

$$
\begin{aligned}
&\int|u(x,t)+g\varphi_B(x,t)|^2|(u(x,t)+g\varphi_B(x,t))_t|^2\mathrm{d}x\\
&\quad\leqslant\|(u(x,t)+g\varphi_B(x,t))\|_{L^2(\Omega)}^2\|(u(x,t)+g\varphi_B(x,t))_t\|_{L^2(\Omega)}^2,
\end{aligned}
$$

利用 Galiardo-Nirenberg 不等式，并结合定理 5.2.3 的估计，可得

$$\begin{aligned}
&\| u(x,t)+g\varphi_B(x,t)\|_{L^\infty(\Omega)}\\
&\quad\leqslant c_7\| u(x,t)+g\varphi_B(x,t)\|_{H^1(\Omega)}^{1/2}\| u(x,t)+g\varphi_B(x,t))\|_{L^2(\Omega)}^{1/2}\\
&\quad= c_7(\| u(x,t)+g\varphi_B(x,t)\|_{L^2(\Omega)}^2\\
&\qquad+\|\nabla(u(x,t)+g\varphi_B(x,t))\|_{L^2(\Omega)}^2)^{1/4}\| u(x,t)+g\varphi_B(x,t))\|_{L^2(\Omega)}^{1/2}\\
&\quad\leqslant c_8.
\end{aligned}$$

其中 c_7,c_8 均大于零,且是有界常数.

将这些估计代入(5.2.14),并令 $c_8'=-\dfrac{2b(2d_{\mathrm{i}}+|d|)}{|d|^2}c_8^2$,

$$\begin{aligned}
&\frac{\mathrm{d}}{\mathrm{d}t}\|(u(x,t)+g\varphi_B(x,t))_t\|_{L^2(\Omega)}^2+\left(\frac{2d_{\mathrm{i}}}{|d|^2U}-\frac{2ad_{\mathrm{i}}}{|d|^2}-2\varepsilon_5-2\varepsilon_6-c_8'\right)\\
&\quad\cdot\|(u(x,t)+g\varphi_B(x,t))_t\|_{L^2(\Omega)}^2-2C(\varepsilon_5)\|\varphi_{Bt}(x,t))\|_{L^2(\Omega)}^2\\
&\leqslant 2C(\varepsilon_6)\|(f(x,t)+gh(x,t))_t\|_{L^2(\Omega)}^2. \qquad (5.2.15)
\end{aligned}$$

再对式(5.2.8)的两边关于时间变量 t 求导,得

$$\begin{aligned}
\varphi_{Btt}(x,t)+\gamma\varphi_{Bt}(x,t)=&-\left[\frac{\mathrm{i}g^2}{U}+i(2\nu-2\mu)\right]\varphi_{Bt}(x,t)\\
&+\frac{\mathrm{i}g}{U}(u(x,t)+g\varphi_B(x,t))_t\\
&+\frac{\mathrm{i}}{4m}\Delta\varphi_{Bt}(x,t)+h_t(x,t).
\end{aligned}$$

两边同时乘以 $\overline{\varphi}$ 并积分,再分部积分,得

$$\begin{aligned}
&\int\varphi_{Btt}(x,t)\cdot\overline{\varphi}_{Bt}(x,t)\mathrm{d}x+\gamma\|\varphi_{Bt}(x,t)\|_{L^2(\Omega)}^2\\
&\quad=-\left[\frac{\mathrm{i}g^2}{U}+\mathrm{i}(2\nu-2\mu)\right]\|\varphi_{Bt}(x,t)\|_{L^2(\Omega)}^2\\
&\qquad+\frac{\mathrm{i}g}{U}\int(u(x,t)+g\varphi_B(x,t))_t\cdot\overline{\varphi}_{Bt}(x,t)\mathrm{d}x\\
&\qquad-\frac{i}{4m}\|\nabla\varphi_{Bt}(x,t)\|_{L^2(\Omega)}^2+\int h_t(x,t)\cdot\overline{\varphi}_{Bt}(x,t)\mathrm{d}x.
\end{aligned}$$

两边取实部,可得

$$\begin{aligned}
&\frac{\mathrm{d}}{\mathrm{d}t}\|\varphi_{Bt}(x,t)\|_{L^2(\Omega)}^2+2\gamma\|\varphi_{Bt}(x,t)\|_{L^2(\Omega)}^2\\
&\quad=\mathrm{Re}\left[\frac{2\mathrm{i}g}{U}\int(u(x,t)+g\varphi_B(x,t))_t\cdot\overline{\varphi}_{Bt}(x,t)\mathrm{d}x\right]
\end{aligned}$$

$$
\begin{aligned}
&+2\mathrm{Re}\left(\int h_t(x,t)\cdot\bar{\varphi}_{Bt}(x,t)\mathrm{d}x\right)\\
&\leqslant 2\varepsilon_7\|\varphi_{Bt}(x,t)\|_{L^2(\Omega)}^2+2C(\varepsilon_7)\|u(x,t)+g\varphi_B(x,t))_t\|_{L^2(\Omega)}^2\\
&\quad+2\varepsilon_8\|\varphi_{Bt}(x,t)\|_{L^2(\Omega)}^2+2C(\varepsilon_8)\|h_t(x,t)\|_{L^2(\Omega)}^2.
\end{aligned}
$$

整理得

$$
\begin{aligned}
&\frac{\mathrm{d}}{\mathrm{d}t}\|\varphi_{Bt}(x,t)\|_{L^2(\Omega)}^2+(2\gamma-2\varepsilon_7-2\varepsilon_8)\|\varphi_{Bt}(x,t)\|_{L^2(\Omega)}^2\\
&\qquad-2C(\varepsilon_7)\|(u(x,t)+g\varphi_B(x,t))_t\|_{L^2(\Omega)}^2\\
&\quad\leqslant 2C(\varepsilon_8)\|h_t(x,t)\|_{L^2(\Omega)}^2.
\end{aligned}
\tag{5.2.16}
$$

式(5.2.15)乘以 k_3，式(5.2.16)乘以 k_4（k_3,k_4 是任意的正常数），两式相加，得

$$
\begin{aligned}
&\frac{\mathrm{d}}{\mathrm{d}t}\left[\|k_3(u(x,t)+g\varphi_B(x,t))_t\|_{L^2(\Omega)}^2+k_4\|\varphi_{Bt}(x,t)\|_{L^2(\Omega)}^2\right]\\
&\quad+\Big(\frac{2d_ik_3}{|d|^2U}-\frac{2ad_ik_3}{|d|^2}-2\varepsilon_5k_3\\
&\quad-2\varepsilon_6k_3-c_8'k_3-2k_4C(\varepsilon_7)\Big)\|(u(x,t)+g\varphi_B(x,t)_t\|_{L^2(\Omega)}^2\\
&\quad+(2\gamma k_4-2\varepsilon_7k_4-2\varepsilon_8k_4-2k_3C(\varepsilon_5)\|\varphi_{Bt}(x,t)\|_{L^2(\Omega)}^2\\
&\leqslant 2k_3C(\varepsilon_6)\|(f(x,t)+gh(x,t))_t\|_{L^2(\Omega)}^2+2k_4C(\varepsilon_8)\|h_t(x,t)\|_{L^2(\Omega)}^2.
\end{aligned}
$$

选取适当的 k_3,k_4，使得 $c_8'k_3<2k_4C(\varepsilon_7)$，整理得

$$
\begin{aligned}
&\frac{\mathrm{d}}{\mathrm{d}t}\left[\|k_3(u(x,t)+g\varphi_B(x,t))_t\|_{L^2(\Omega)}^2+k_4\|\varphi_{Bt}(x,t)\|_{L^2(\Omega)}^2\right]\\
&\quad+\Big(\frac{2d_ik_3}{|d|^2U}-\frac{2ad_ik_3}{|d|^2}-2\varepsilon_5k_3\\
&\quad-2\varepsilon_6k_3-4k_4C(\varepsilon_7)\Big)\|(u(x,t)+g\varphi_B(x,t))_t\|_{L^2(\Omega)}^2\\
&\quad+(2\gamma k_4-2\varepsilon_7k_4-2\varepsilon_8k_4-2k_3C(\varepsilon_5))\|\varphi_{Bt}(x,t)\|_{L^2(\Omega)}^2\\
&\leqslant 2k_3C(\varepsilon_6)\|f(x,t)+gh(x,t))_t\|_{L^2(\Omega)}^2+2k_4C(\varepsilon_8)\|h_t(x,t)\|_{L^2(\Omega)}^2.
\end{aligned}
\tag{5.2.17}
$$

令

$$
\begin{aligned}
&2\varepsilon_5k_3+2\varepsilon_6k_3+4k_4C(\varepsilon_7)=\frac{d_ik_3}{|d|^2U}-\frac{ad_ik_3}{|d|^2},\\
&2\varepsilon_7k_4+2\varepsilon_8k_4+2k_3C(\varepsilon_5)=\gamma k_4.
\end{aligned}
$$

并选取 $\varepsilon_5,\varepsilon_6,\varepsilon_7,\varepsilon_8$ 充分小，解得

$$k_4 = k_3\sqrt{\frac{\left(\frac{d_{\mathrm{i}}}{|d|^2U}-\frac{ad_{\mathrm{i}}}{|d|^2}-2\varepsilon_5-2\varepsilon_6\right)C(\varepsilon_5)}{2(\gamma-2\varepsilon_7-2\varepsilon_8)C(\varepsilon_7)}}>0,$$

设 $k_3=1$,则有

$$k_4 = \sqrt{\frac{\left(\frac{d_{\mathrm{i}}}{|d|^2U}-\frac{ad_{\mathrm{i}}}{|d|^2}-2\varepsilon_5-2\varepsilon_6\right)C(\varepsilon_5)}{2(\gamma-2\varepsilon_7-2\varepsilon_8)C(\varepsilon_7)}}>0.$$

将 k_3 和 k_4 的值代入不等式(5.2.17),则有

$$\begin{aligned}
&\frac{\mathrm{d}}{\mathrm{d}t}\Bigg[\|u(x,t)+g\varphi_B(x,t))_t\|^2_{L^2(\Omega)}\\
&\quad+\sqrt{\frac{\left(\frac{d_{\mathrm{i}}}{|d|^2U}-\frac{ad_{\mathrm{i}}}{|d|^2}-2\varepsilon_5-2\varepsilon_6\right)C(\varepsilon_5)}{2(\gamma-2\varepsilon_7-2\varepsilon_8)C(\varepsilon_7)}}\|\varphi_{Bt}(x,t)\|^2_{L^2(\Omega)}\Bigg]\\
&\quad+\left(\frac{d_{\mathrm{i}}}{|d|^2U}-\frac{ad_{\mathrm{i}}}{|d|^2}\right)\|u(x,t)+g\varphi_B(x,t))_t\|^2_{L^2(\Omega)}\\
&\quad+\sqrt{\frac{\left(\frac{d_{\mathrm{i}}}{|d|^2U}-\frac{ad_{\mathrm{i}}}{|d|^2}-2\varepsilon_5-2\varepsilon_6\right)C(\varepsilon_5)}{2(\gamma-2\varepsilon_7-2\varepsilon_8)C(\varepsilon_7)}}\|\varphi_{Bt}(x,t)\|^2_{L^2(\Omega)}\\
&\leqslant 2C(\varepsilon_6)\|f(x,t)+gh(x,t))_t\|^2_{L^2(\Omega)}\\
&\quad+2C(\varepsilon_8)\sqrt{\frac{\left(\frac{d_{\mathrm{i}}}{|d|^2U}-\frac{ad_{\mathrm{i}}}{|d|^2}-2\varepsilon_5-2\varepsilon_6\right)C(\varepsilon_5)}{2(\gamma-2\varepsilon_7-2\varepsilon_8)C(\varepsilon_7)}}\|h_t(x,t)\|^2_{L^2(\Omega)}.
\end{aligned}$$

令

$$c_9 = \min\left\{1,\sqrt{\frac{\left(\frac{d_{\mathrm{i}}}{|d|^2U}-\frac{ad_{\mathrm{i}}}{|d|^2}-2\varepsilon_5-2\varepsilon_6\right)C(\varepsilon_5)}{2(\gamma-2\varepsilon_7-2\varepsilon_8)C(\varepsilon_7)}}\right\}>0,$$

$$c_{10} = \min\left\{\frac{d_{\mathrm{i}}}{|d|^2U}-\frac{ad_{\mathrm{i}}}{|d|^2},\gamma\sqrt{\frac{\left(\frac{d_{i}}{|d|^2U}-\frac{ad_{\mathrm{i}}}{|d|^2}-2\varepsilon_5-2\varepsilon_6\right)C(\varepsilon_5)}{2(\gamma-2\varepsilon_7-2\varepsilon_8)C(\varepsilon_7)}}\right\}>0,$$

$$c_{11} = \max\left\{2C(\varepsilon_6),2C(\varepsilon_8)\sqrt{\frac{\left(\frac{d_{\mathrm{i}}}{|d|^2U}-\frac{ad_{\mathrm{i}}}{|d|^2}-2\varepsilon_5-2\varepsilon_6\right)C(\varepsilon_5)}{2(\gamma-2\varepsilon_7-2\varepsilon_8)C(\varepsilon_7)}}\right\}>0.$$

整理得

$$\frac{\mathrm{d}}{\mathrm{d}t}[\|(u(x,t)+g\varphi_B(x,t))_t\|^2_{L^2(\Omega)}+\|\varphi_{Bt}(x,t)\|^2_{L^2(\Omega)}]$$

$$+\frac{c_{10}}{c_9}\left[\|(u(x,t)+g\varphi_B(x,t))_t\|_{L^2(\Omega)}^2+\|\varphi_{Bt}(x,t)\|_{L^2(\Omega)}^2\right]$$
$$\leqslant\frac{c_{11}}{c_9}\left[\|(f(x,t)+gh(x,t))_t\|_{L^2(\Omega)}^2+\|h_t(x,t)\|_{L^2(\Omega)}^2\right].$$

取

$$c_{12}=\frac{c_{10}}{c_9}>0,\quad c_{13}=\frac{c_{11}}{c_9}>0,$$

有

$$\frac{\mathrm{d}}{\mathrm{d}t}\left[\|(u(x,t)+g\varphi_B(x,t))_t\|_{L^2(\Omega)}^2+\|\varphi_{Bt}(x,t)\|_{L^2(\Omega)}^2\right]$$
$$+c_{12}\left[\|(u(x,t)+g\varphi_B(x,t))_t\|_{L^2(\Omega)}^2+\|\varphi_{Bt}(x,t)\|_{L^2(\Omega)}^2\right]$$
$$\leqslant c_{13}\left[\|(f(x,t)+gh(x,t))_t\|_{L^2(\Omega)}^2+\|h_t(x,t)\|_{L^2(\Omega)}^2\right].$$

由 Gronwall 不等式得

$$\|(u(x,t)+g\varphi_B(x,t))_t\|_{L^2(\Omega)}^2+\|\varphi_{Bt}(x,t)\|_{L^2(\Omega)}^2$$
$$\leqslant\left[\|(u_0(x)+g\varphi_{B_0}(x,t))_t\|_{L^2(\Omega)}^2+\|\varphi_{B_0t}(x)\|_{L^2(\Omega)}^2\right]\mathrm{e}^{-c_{12}t}$$
$$+c_{13}\int_0^t\left[\|(f(x,s)+gh(x,s))_t\|_{L^2(\Omega)}^2+\|h_t(x,s)\|_{L^2(\Omega)}^2\right]\mathrm{e}^{-c_{12}(t-s)}\mathrm{d}s,$$

即有

$$\|(u(x)+g\varphi_B(x,t))_t\|_{L^2(\Omega)}^2$$
$$\leqslant\left[\|(u_0(x)+g\varphi_{B_0}(x,t))_t\|_{L^2(\Omega)}^2+\|\varphi_{B_0t}(x)\|_{L^2(\Omega)}^2\right]\mathrm{e}^{-c_{12}t}$$
$$+c_{13}\int_0^t\left[\|(f(x,s)+gh(x,s))_t\|_{L^2(\Omega)}^2+\|h_t(x,s)\|_{L^2(\Omega)}^2\right]\mathrm{e}^{-c_{12}(t-s)}\mathrm{d}s,$$

$$\|\varphi_{Bt}(x)\|_{L^2(\Omega)}^2$$
$$\leqslant\left[\|(u_0(x)+g\varphi_{B_0}(x))_t\|_{L^2(\Omega)}^2+\|\varphi_{B_0t}(x)\|_{L^2(\Omega)}^2\right]\mathrm{e}^{-c_{12}t}$$
$$+c_{13}\int_0^t\left[\|(f(x,s)+gh(x,s))_t\|_{L^2(\Omega)}^2+\|h_t(x,s)\|_{L^2(\Omega)}^2\right]\mathrm{e}^{-c_{12}(t-s)}\mathrm{d}s.$$

进一步有

$$\|u_t(x,t)\|_{L^2(\Omega)}^2$$
$$=\|(u(x,t)+g\varphi_B(x,t))_t-g\varphi_{Bt}(x,t)\|_{L^2(\Omega)}^2$$
$$\leqslant 2\|(u(x,t)+g\varphi_B(x,t))_t\|_{L^2(\Omega)}^2+2g^2\|\varphi_{Bt}(x,t)\|_{L^2(\Omega)}^2$$
$$\leqslant 2(1+g^2)\left[\|(u_0(x)+g\varphi_{B_0}(x))_t\|_{L^2(\Omega)}^2+\|\varphi_{B_0t}(x)\|_{L^2(\Omega)}^2\right]\mathrm{e}^{-c_{12}t}$$

$$+2c_{13}(1+g^2)\int_0^t[\|(f(x,s)+gh(x,s))_t\|_{L^2(\Omega)}^2+\|h_t(x,s)\|_{L^2(\Omega)}^2]e^{-c_{12}(t-s)}ds,$$

$$\|\varphi_{Bt}(x)\|_{L^2(\Omega)}^2$$
$$\leqslant[\|(u_0(x)+g\varphi_{B_0}(x))_t\|_{L^2(\Omega)}^2+\|\varphi_{B_0t}(x)\|_{L^2(\Omega)}^2]e^{-c_{12}t}$$
$$+c_{13}\int_0^t[\|(f(x,s)+gh(x,s))_t\|_{L^2(\Omega)}^2+\|h_t(x,s)\|_{L^2(\Omega)}^2]e^{-c_{12}(t-s)}ds.$$

定理得证.

5.2.3 弱解的性质

这部分主要根据前面所得的有关弱解的各种能量不等式,来推导初边值问题(5.2.1)~(5.2.4)弱解的吸引子问题.

定理 5.2.1 的证明 根据吸引子的存在性定理,要证明定理 5.2.1 的结果,只需验证吸引子存在性定理 2.1.6 中的三个条件即可.为此,选择 Banach 空间 $E=H^1(\Omega)\times H^1(\Omega)$,并设 $\boldsymbol{u}(x,t)=(u(x,t),\varphi_B(x,t))^{\mathrm{T}}$ 为初边值问题(5.2.1)~(5.2.4)的弱解,则由定理 5.2.2~5.2.4 可以发现,存在由初边值问题(5.2.1)~(5.2.4)的弱解生成的半群算子 $S_t:S_t\boldsymbol{u}(x,t)=\boldsymbol{u}(x,t)$为 $E\to E$ 到的映射,且满足条件 $S_0=S_0\boldsymbol{u}(x,0)=\boldsymbol{u}(x,0)$.因此,下面只需逐条验证吸引子存在性定理的三个条件即可.

(1) 证明 S_t 在E 上一致有界.

由定理 5.2.2~5.2.4 的结论可以发现,对任何以 R 为半径的球 $B_R\subset E$,存在 $B\subset B_R$,有

$$\|S_t u(x,t)\|_E^2$$
$$=\|u(x,t)\|_{H^1(\Omega)}^2=\|u(x,t)\|_{L^2(\Omega)}^2+\|\nabla u(x,t)\|_{L^2(\Omega)}^2$$
$$\leqslant 2\lambda_2(1+g^2)[\|\nabla(u_0(x)+g\varphi_{B_0}(x))\|_{L^2(\Omega)}^2+\|\nabla\varphi_{B_0}(x)\|_{L^2(\Omega)}^2]e^{-c_4t}$$
$$+2c_5\lambda_5(1+g^2)\int_0^t[\|\nabla(f(x,s)+gh(x,s))\|_{L^2(\Omega)}^2+\|\nabla h(x,s)\|_{L^2(\Omega)}^2]e^{-c_4(t-s)}ds$$
$$+2(1+g^2)[\|\nabla(u_0(x)+g\varphi_{B_0}(x))\|_{L^2(\Omega)}^2+\|\nabla\varphi_{B_0}(x)\|_{L^2(\Omega)}^2]e^{-c_4t}$$
$$+2c_5(1+g^2)\int_0^t[\|\nabla(f(x,s)+gh(x,s))\|_{L^2(\Omega)}^2+\|\nabla h(x,s)\|_{L^2(\Omega)}^2]e^{-c_4(t-s)}ds$$
$$\leqslant 2(1+\lambda_2)(1+g^2)[\|\nabla(u_0(x)+g\varphi_{B_0}(x))\|_{L^2(\Omega)}^2+\|\nabla\varphi_{B_0}(x)\|_{L^2(\Omega)}^2]e^{-c_4t}+2c_5$$

$$\cdot (1+\lambda_2)(1+g^2)\int_0^t [\|\nabla(f(x,s)+gh(x,s))\|_{L^2(\Omega)}^2 + \|\nabla h(x,s)\|_{L^2(\Omega)}^2] e^{-c_4(t-s)} ds$$

$$= M_1,$$

其中 M_1 为有界常数.

$$\begin{aligned}
&\|S_t\varphi_B(x,t)\|_E^2 \\
&= \|\varphi_B(x,t)\|_{H^1(\Omega)}^2 = \|\varphi_B(x,t)\|_{L^2(\Omega)}^2 + \|\nabla\varphi_B(x,t)\|_{L^2(\Omega)}^2 \\
&\leqslant \lambda_3 [\|\nabla(u_0(x)+g\varphi_{B_0}(x))\|_{L^2(\Omega)}^2 + \|\nabla\varphi_{B_0}(x)\|_{L^2(\Omega)}^2] e^{-c_4 t} \\
&\quad + c_5\lambda_3\int_0^t [\|\nabla(f(x,s)+gh(x,s))\|_{L^2(\Omega)}^2 + \|\nabla h(x,s)\|_{L^2(\Omega)}^2] e^{-c_4(t-s)} ds \\
&\quad + [\|\nabla(u_0(x)+g\varphi_{B_0}(x))\|_{L^2(\Omega)}^2 + \|\nabla\varphi_{B_0}(x)\|_{L^2(\Omega)}^2] e^{-c_4 t} \\
&\quad + c_5\int_0^t [\|\nabla(f(x,s)+gh(x,s))\|_{L^2(\Omega)}^2 + \|\nabla h(x,s)\|_{L^2(\Omega)}^2] e^{-c_4(t-s)} ds \\
&\leqslant (1+\lambda_3) [\|\nabla(u_0(x)+g\varphi_{B_0}(x))\|_{L^2(\Omega)}^2 + \|\nabla\varphi_{B_0}(x)\|_{L^2(\Omega)}^2] e^{-c_4 t} \\
&\quad + c_5(1+\lambda_3)\int_0^t [\|\nabla(f(x,s)+gh(x,s))\|_{L^2(\Omega)}^2 + \|\nabla h(x,s)\|_{L^2(\Omega)}^2] e^{-c_4(t-s)} ds \\
&= M_2,
\end{aligned}$$

其中 M_2 为有界常数.

取

$$C(R) = \max\{M_1, M_2\},$$

则有

$$\|S_t(u(x,t),\varphi_B(x,t))\|_E^2 \leqslant C(R).$$

因此 S_t 在 E 上一致有界.

(2) 证明在 E 中存在有界吸收集.

根据定理 5.2.3,有

$$\begin{aligned}
&\overline{\lim_{t\to+\infty}} \|u(x,t)\|_{L^2(\Omega)}^2 \\
&\leqslant \overline{\lim_{t\to+\infty}} \Big\{ 2\lambda_2(1+g^2) [\|\nabla(u_0(x)+g\varphi_{B_0}(x))\|_{L^2(\Omega)}^2 + \|\nabla\varphi_{B_0}(x)\|_{L^2(\Omega)}^2] e^{-c_4 t} \\
&\quad + 2c_5\lambda_2(1+g^2)\int_0^t [\|\nabla(f(x,s)+gh(x,s))\|_{L^2(\Omega)}^2 + \|\nabla h(x,s)\|_{L^2(\Omega)}^2] e^{-c_4(t-s)} ds \Big\} \\
&= M_3,
\end{aligned}$$

$$\overline{\lim_{t\to+\infty}} \|\varphi_B(x,t)\|_{L^2(\Omega)}^2$$

$$
\begin{aligned}
&\leqslant \overline{\lim_{t\to+\infty}}\Big\{\lambda_3[\|\nabla(u_0(x)+g\varphi_{B_0}(x))\|_{L^2(\Omega)}^2+\|\nabla\varphi_{B_0}(x)\|_{L^2(\Omega)}^2]e^{-c_4 t}\\
&\quad + c_5\lambda_3\int_0^t[\|\nabla(f(x,s)+gh(x,s))\|_{L^2(\Omega)}^2+\|\nabla h(x,s)\|_{L^2(\Omega)}^2]e^{-c_4(t-s)}ds\Big\}\\
&= M_4,
\end{aligned}
$$

$$
\begin{aligned}
&\overline{\lim_{t\to+\infty}}\|\nabla u(x,t)\|_{L^2(\Omega)}^2\\
&\leqslant \overline{\lim_{t\to+\infty}}\Big\{2(1+g^2)[\|\nabla(u_0(x)+g\varphi_{B_0}(x))\|_{L^2(\Omega)}^2+\|\nabla\varphi_{B_0}(x)\|_{L^2(\Omega)}^2]e^{-c_4 t}\\
&\quad +2c_5(1+g^2)\int_0^t[\|\nabla(f(x,s)+gh(x,s))\|_{L^2(\Omega)}^2+\|\nabla h(x,s)\|_{L^2(\Omega)}^2]e^{-c_4(t-s)}ds\Big\}\\
&= M_5,
\end{aligned}
$$

$$
\begin{aligned}
&\overline{\lim_{t\to+\infty}}\|\nabla\varphi_B(x,t)\|_{L^2(\Omega)}^2\\
&\leqslant \overline{\lim_{t\to+\infty}}\Big\{[\|\nabla(u_0(x)+g\varphi_{B_0}(x))\|_{L^2(\Omega)}^2+\|\nabla\varphi_{B_0}(x)\|_{L^2(\Omega)}^2]e^{-c_4 t}\\
&\quad + c_5\int_0^t[\|\nabla(f(x,s)+gh(x,s))\|_{L^2(\Omega)}^2+\|\nabla h(x,s)\|_{L^2(\Omega)}^2]e^{-c_4(t-s)}ds\Big\}\\
&= M_6,
\end{aligned}
$$

其中 M_3,M_4,M_5,M_6 均为有界常数.

取

$$D=\max\{M_3,M_4,M_5,M_6\},$$

从而可得

$$\|S_t(u(x,t),\varphi_B(x,t))\|_E^2\leqslant D.$$

令

$$\bar{A}=\{(u(x,t),\varphi_B(x,t))\in E,\|S_t(u(x,t),\varphi_B(x,t))\|_E^2\leqslant D\},$$

则 $\bar{A}$ 是算子S_t 的一个有界吸收集.

(3) 证明 S_t 是全连续算子.

根据定理 5.2.4 的结果可以发现,当 $t>0$ 时,有

$$
\begin{aligned}
\|u_t(x,t)\|_{L^2(\Omega)}^2 \leqslant\ & 2(1+g^2)[\|(u_0(x)+g\varphi_{B_0}(x))_t\|_{L^2(\Omega)}^2\\
&+\|\varphi_{B_0 t}(x)\|_{L^2(\Omega)}^2]e^{-c_{12}t}\\
&+2c_{13}(1+g^2)\int_0^t[\|(f(x,s)+gh(x,s))_t\|_{L^2(\Omega)}^2
\end{aligned}
$$

$$+ \| h_t(x,s) \|_{L^2(\Omega)}^2] \mathrm{e}^{-c_{12}(t-s)} \mathrm{d}s,$$

$$\| \varphi_{Bt}(x) \|_{L^2(\Omega)}^2 \leqslant [\| (u_0(x) + g\varphi_{B_0}(x))_t \|_{L^2(\Omega)}^2 + \| \varphi_{B_0 t}(x) \|_{L^2(\Omega)}^2] \mathrm{e}^{-c_{12} t}$$

$$+ c_{13} \int_0^t [\| (f(x,s) + gh(x,s))_t \|_{L^2(\Omega)}^2$$

$$+ \| h_t(x,s) \|_{L^2(\Omega)}^2] \mathrm{e}^{-c_{12}(t-s)} \mathrm{d}s,$$

即证 S_t 是一个全连续算子.

因此,由吸引子的存在性定理可得,初边值问题(5.2.1)～(5.2.4)存在一个紧整体吸引子.

参考文献

[1] Bose S N. Planck's law and light quantum hypothesis[J]. Z. Phys., 1924, 26(1): 178.

[2] Einstein A. Quantentheorie des einatomigen idealen Gases[J]. SB Preuss. Akad. Wiss. Phys.-math. Klasse, 1924.

[3] Anderson M H, Ensher J R, Matthews M R, et al. Observation of Bose-Einstein condensation in a dilute atomic vapor[J]. Science, 1995: 198-201.

[4] Bradley C C, Sackett C A, Tollett J J, et al. Evidence of Bose-Einstein condensation in an atomic gas with attractive interactions[J]. Phys. Rev. Lett., 1995, 75(9): 1687-1690.

[5] Davis K B, Mewes M O, Andrews M R, et al. Bose-Einstein condensation in a gas of sodium atoms[J]. Phys. Rev. Lett., 1995, 75(22): 3969-3973.

[6] London F, London H. Supraleitung und diamagnetismus[J]. Physica, 1935, 2(1-12): 341-354.

[7] London F. On the bose-einstein condensation[J]. Phys. Rev., 1938, 54(11): 947.

[8] Bogoliubov N. On the theory of superfluidity[J]. J. Phys., 1947, 11(1): 23.

[9] Ginzburg V L, Landau L D. On the theory of superconductivity[J]. J. Exptl. Theoret. Phys., 1950, (USSR)20,1064.

[10] Abrikosov A A. On the magnetic properties of superconductors of the secondgroup[J]. Sov. Phys. JETP, 1957(5):1174-1182.

[11] Cooper L N. Bound electron pairs in a degenerate Fermi gas[J]. Phys. Rev., 1956, 104(4): 1189-1190.

[12] Bardeen J, Cooper L N, Schrieffer J R. Microscopic theory of superconductivity[J]. Phys. Rev., 1957, 106(1): 162-164.

[13] Bardeen L N, Cooper L N, Schrieffer J R. Superconductivity theory[J]. Phys. Rev., 1957, 108(11): 1175.

[14] Schrieffer J R. Theory of Superconductivity[M]. New York: Perseus Books

Group, 1999.

[15] DeMarco B, Jin D S. Onset of Fermi degeneracy in a trapped atomic gas[J]. Science, 1999, 285(5434): 1703-1706.

[16] Anderson M H, Ensher J R, Matthews M R, et al. Observation of Bose-Einstein condensation in a dilute atomic vapor[J]. Science, 1995: 198-201.

[17] De Gennes P G. Superconductivity of Metals and Alloys[M]. Boulder: Westview Press, 1999.

[18] Regal C A, Greiner M, Jin D S. Observation of resonance condensation of fermionic atom pairs[J]. Phys. Rev. Lett., 2004, 92(4): 040403.

[19] Kinast J, Hemmer S L, Gehm M E, et al. Evidence for superfluidity in a resonantly interacting Fermi gas[J]. Phys. Rev. Lett., 2004, 92(15): 150402.

[20] Bartenstein M, Altmeyer A, Riedl S, et al. Crossover from a molecular Bose-Einstein condensate to a degenerate Fermi gas[J]. Phys. Rev. Lett., 2004, 92(12): 120401.

[21] Zwierlein M W, Stan C A, Schunck C H, et al. Condensation of pairs of fermionic atoms near a Feshbach resonance[J]. Phys. Rev. Lett., 2004, 92(12): 120403.

[22] Holland M, Kokkelmans S, Chiofalo M L, et al. Resonance superfluidity in a quantum degenerate Fermi gas[J]. Phys. Rev. Lett., 2001, 87(12): 120406.

[23] Timmermans E, Furuya K, Milonni P W, et al. Prospect of creating a composite Fermi-Bose superfluid[J]. Phys. Lett. A, 2001, 285(3/4): 228-233.

[24] Ohashi Y, Griffin A. BCS-BEC crossover in a gas of Fermi atoms with a Feshbach resonance[J]. Phys. Rev. Lett., 2002, 89(13): 130402.

[25] Machida M, Koyama T. Time-dependent Ginzburg-Landau theory for atomic Fermi gases near the BCS-BEC crossover[J]. Phys. Rev. A, 2006, 74(3): 033603.

[26] Regal C A, Greiner M, Jin D S. Observation of resonance condensation of fermionic atom pairs[J]. Phys. Rev. Lett., 2004, 92(4): 040403.

[27] Birkhoff G D. Dynamical systems[M]. New York: American Mathematical Soc., 1960.

[28] Raugel G. Global attractors in partial diffenrential equations[D]. Université de Paris-Sud. Département de Mathématique, 2001.

[29] Nagumo J, Arimoto S, Yoshizawa S. An active pulse transmission line simulating nerve axon[J]. Proceedings of the IRE, 1962, 50(10): 2061-2070.

[30] Ladyzhenskaya O A. On the determination of minimal global attractors for the Navier-Stokes and other partial differential equations[J]. Usp. Math. Nauk, 1987, 42(6):

24-60.

[31] Ladyzhenskaya O. Attractors for semi-groups and evolution equations[M]. Cambridge: Cambridge University Press, 1991.

[32] Temam R. Infinite-dimensional dynamical systems in mechanics and physics[M]. New York: Springer, 2012.

[33] Hale J K. Asymptotic behavior of dissipative systems[M]. New York: American Mathematical Soc., 2010.

[34] 李栋龙,郭柏灵.三维全空间上GINZBURG-LANDAU方程的整体吸引子[J].数学物理学报,2004(5):607-617.

[35] 徐振源.GINZBURG-LANDAU方程的整体吸引子和同宿轨道[J].江苏大学学报(自然科学版),2004(3):224-227.

[36] 李本图.三维GINZBURG-LANDAU方程的整体吸引子及其维数估计[D].南宁:广西大学,2007.

[37] Chen S. Guo B. On the cauchy problem of the Ginzburg-Landau equations for atomicfermi gases near the BCS-BEC crossover[J]. Journal of Partial Differ. Equ. (English edition), 2009, 22(3): 218-233.

[38] Chen S, Guo B. Solution theory of the coupled time-dependent Ginzburg-Landau equations[J]. International Journal of Dynamical Systems and Differential Equations, 2009, 2(1-2): 1-20.

[39] Chen S, Guo B. Existence of the weak solution of coupled time-dependent Ginzburg-Landau equations[J]. Journal of Mathematical Physics, 2010, 51(3): 033507.

[40] Chen S, Guo B. Classical solutions of time-dependent Ginzburg-Landau theory for atomic Fermi gases near the BCS-BEC crossover[J]. Journal of Differential Equations, 2011, 251(6): 1415-1427.

[41] 陈淑红,郭柏灵.费米子气体附近BCS-BEC跨越的GINZBURG-LANDAU方程组整体解的存在性[J].数学物理学报,2011,31(5):1359-1368.

[42] Chen S, Guo B. Classical solutions of general ginzburg-landau equations[J]. Acta Mathematica Scientia, 2016, 36(3): 717-732.

[43] Fang S, Jin L, Guo B. Global existence of solutions to the periodic initial value problems for two-dimensional Newton-Boussinesq equations[J]. Applied Mathematics and Mechanics, 2010, 31(4): 405-414.

[44] Jiang J, Wu H, Guo B L. Finite dimensional global and exponential attractors for a

class of coupled time-dependent Ginzburg-Landau equations [J]. Science China Mathematics, 2012, 55(1): 141-157.

[45] Gronwall T H. Note on the derivatives with respect to a parameter of the solutions of a system of differential equations[J]. Annals of Mathematics, 1919: 292-296.

[46] Guckenheimer J. Roger Temam, Infinite-dimensional dynamical systems in mechanics and physics[J]. Bulletin (New Series) of the American Mathematical Society, 1989, 21 (1): 196-198.

[47] Gronwall T H. Note on the derivatives with respect to a parameter of the solutions of a system of differential equations[J]. Annals of Mathematics, 1919: 292-296.

[48] Henry D. Geometric theory of semilinear parabolic equations Lecture Notes in Math [M]. New York:Springer-Verlag,1981.

[49] Sa M, Randeria M, Engelbrecht J R. Crossover from bcs to bose superconductivity: Transition temperature and time-dependent ginzburg-landau theory[J]. Physical Review Letters, 1993, 71(19): 3202-3205.

[50] Huang S Z, Takáč P. Global smooth solutions of the complex Ginzburg-Landau equation and their dynamical properties[J]. Discrete & Continuous Dynamical Systems-A, 1999, 5(4): 825.

[51] Schakel A M J. Time-dependent Ginzburg-Landau theory and duality[J]. Nato Science, 1999, 549: 213-238,

[52] Milstein J N, Kokkelmans S, Holland M J. A crossover model for BEC to BCS superconductivity in a resonant Fermi gas[C]// APS Division of Atomic, Molecular and Optical Physics Meeting Abstracts, 2002.

[53] Drechsler M, Zwerger W. Crossover from BCS-superconductivity to Bose-condensation [J]. Annalen der Physik, 1992, 504(1): 15-23.

[54] Huang K, Yu Z Q, Yin L. Ginzburg-Landau theory of a trapped Fermi gas with a BEC-BCS crossover[J]. Physical Review A, 2009, 79(5): 053602.

[55] Ghidaglia J M, Héron B. Dimension of the attractors associated to the Ginzburg-Landau partial differential equation [J]. Physica D: Nonlinear Phenomena, 1987, 28(3): 282-304.

[56] Promislow K. Induced trajectories and approximate inertial manifolds for the Ginzburg-Landau partial differential equation[J]. Physica D: Nonlinear Phenomena, 1990, 41 (2): 232-252.

[57] 郭柏灵.广义KURAMOTO-SIVASHINSKY型方程周期初值问题的整体吸引子[J].自然科学进展,1993(1):63-76.

[58] 郭柏灵,黄海洋,蒋慕蓉.金兹堡-朗道方程[M].北京:科学出版社,2002.

[59] 桑建平,刘庸,齐辉.相互作用玻色子-费米子模型的微观研究和奇质量EU同位素基带的计算[J].华中师范大学学报(自然科学版),1987(2):183-190.

[60] 黄琨.势阱中费米子气体的Ginzburg-Landau理论[D].北京:北京大学,2009.

[61] Fang S, Jin L, Guo B. Global attractor for the initial-boundary value problems for Ginzburg-Landau equations for atomic Fermi gases near the BCS-BEC crossover[J]. Nonlinear Analysis: Theory, Methods & Applications, 2010, 72(11): 4063-4070.